U0812885

思维不设限

[瑞典] 弗朗斯·约翰松◎著　刘昭远◎译

The Medici Effect

Frans Johansson

中国出版集团
東方出版中心

推荐一

2001 年春的一天，1999 级创意班的一位学生意外地出现在我办公室的门口。他叫弗朗斯 · 约翰松（Frans Johansson），是那个班里我最欣赏的学生。他的到来让我感到十分高兴。当年，弗朗斯还差一个学期就能修完工商管理硕士课程，却毅然离开哈佛商学院，大胆地闯入软件行业，追寻自己的理想。我原以为弗朗斯再也不会回来，可他又回到了校园，并决定修完未完成的学位。弗朗斯带着他特有的温暖笑容，把瘦长的身体塞进我办公室的椅子里。他向我提出了一个许多学生都提过的请求。他想知道我是否能在一个独立学习项目中给他一些建议。我以为他的项目和大多数学生一样，又是为哪家初创公司提供商业计划。然而我想错了。在我的经验中，从来没有哪个学生有过弗朗斯这样的想法。弗朗斯打算写一本关于创造力的书。他无时无刻不在想着这件事，一心要将这件事付诸实践。由于我曾写过几部与创造力有关的拙作，弗朗斯想知道他是否能借着我在这方面的专业知识进入这个新领域。我对这个建议十分感兴趣，于是鼓励他继续说下去。

弗朗斯那天所说的大计划后来成为这部作品——本书的核心。这个概念刚在弗朗斯的大脑中成形，他就认识到“交叉性创造”其实无处不在。弗朗斯向我描述了他在科学、艺术、商业、美食圈以及其他领域遇见的形形色色的人，讲述了这些人如何将“风马牛不相及”的东西结合在一起，最终实现突破的故事。这些故事深深吸引了我，他著书的决心也叫我刮目相看。直觉告诉我，弗朗斯正在做一件意义重大的事情。因此，我同意在他的独立研究项目中略尽绵力。然而，我一点也不知道这个项目最终会以怎样的方式呈现。

弗朗斯最终写出了一本书，一部足以改变创新的著作。可以肯定的是，关于创新理论的文章中的确存在着这样的说法，即创新源于新颖的、意想不到的组合。少量实验也证明了这一说法的合理性。然而据我所知，迄今为止尚没有人在实验室以外的地方研究交叉性创造现象，分析它们的表现，观察其是否真能对创新产生影响。还没有人写过要如何做到这一点。弗朗斯决定找到答案。他花了两年时间如饥似渴地阅读，与任何愿意倾听的人探讨他的想法，采访全世界最具创新力的个人与团队，书写他们的精彩故事，最终形成这部让人叹为观止的著作。

本书的核心在于，多样性驱动创新。弗朗斯在这本书中展示了为什么我们需要将不同领域、学科、行业、文化中的创意相结合，以及这样做有多么重要。这种结合将会提高非凡创意出现的可能性。弗朗斯不仅让我们看到了他为这一主题所做的刻苦研究，还生动地展示了让他的理论活起来的各种案例。书中的例子跨越了五湖四海，从烹饪、游戏、音乐，到神经科学、数学、建筑学，弗朗斯向读者展现了众多领域中惊人的交叉之处。

弗朗斯证明了，一旦我们训练自己从习惯性的观察角度抽离出来，不再线性、单向，非黑即白地思考问题，我们将看到交叉点其实无所不在。利用并掌握交叉点的力量，将给人们带来革命性的改变。本书最早于2004年出版。它彻底改变了世界各地商业领袖及专业人士对于创新的认识。此外，它还为学生、建筑师、科学家、商业领袖以及不计其数的读者带来启发，帮助他们走出舒适圈，认识到不确定性是创造新产品、新工艺，产生新想法的必要条件。

我把这本书运用到我在哈佛商学院的课程中，也亲眼见证了它对于学生们的积极影响。多年来，许多学生都向我表达过他们如何运用弗朗斯的观点和工具打造自己的企业，创建新的产品和服务。正如我所料，时至今日已有多所大学将这本书运用到课程中。这些学校遍布世界各地，包括加利福尼亚大学、加州大学伯克利分校、新加坡管理学院等。拜访公司，参加创新会议时，我常常惊异地看到这本书的影响力正与日俱增。从多样性、组织内部的包容性到世界经济发展，这部作品改变了跨领域的领导者们对诸多领域的看法。

我相信，本书的影响力必然会随着时间的推移不断增长。这本书于 2004 年首次出版。彼时，五湖四海的人已经注意到全世界的联系正变得日益紧密，但很少有人能想象到当今世界这种广泛联系的范围和规模。本书初上市时，脸谱网(Facebook)才刚从哈佛商学院河对岸的一间宿舍里破壳而出。当我和弗朗斯第一次交流这些想法时，领英（LinkedIn）甚至还未出现。这是一本关于如何寻找、探索、建立意料之外的联系的作品。在今天的大背景下，懂得如何把人联系在一起，用最佳方式把不同背景的人融合在一起变得尤为重要。

与 13 年前相比，本书反倒更适用于今天的社会。因此，这正是一个完美的再版时机。世界各地的工作环境变得更加多样化，人与人之间的互动也更多，不再受限于地理、文化、领域和学科。我们的世界正迅速转型为一个无摩擦、信息驱动、相互联系的竞技场。要想和世界发展趋势保持一致，领导者必须打破把人们的思想与能力隔开的壁垒。这本书向 21 世纪的领导者完美地展现了实现这一点的方法。

2001 年的那个春天，弗朗斯的同学们恐怕都不会把他定义为“作家型”的人。他是人们眼中的企业家、制造家、实干家。他的大多数同学都进入了报酬颇丰的金融或咨询行业。弗朗斯能够遵从内心，在这样一个鲜有人研究，也未被大范围证实的领域著书，这样的决心让同学们刮目相看。我相信，无数被本书触动的企业、组织、政府及领导者会为弗朗斯的决定感到高兴。

——特瑞莎 · 阿马比尔（Teresa M. Amabile）

于哈佛商学院

推荐二

我曾在音乐和娱乐行业打拼了十年，主要为MTV和环球影业发掘并培养明日之星。在MTV，我签下了中国最著名的歌手之一张杰。然而，让我的名字被大众所熟知的大概还是因为我策划并制作了“我型我show”这档歌唱比赛形式的选秀节目。由于这档节目收视非常火爆，也使我获得了“中国西蒙・考威尔”（西蒙・考威尔为英国著名唱片、电视制作人，以毒舌著称）的绰号。

当然，我并没有因为这些成绩而停下前进的脚步。2007年，我加入了百事可乐团队，担任百事公司大中华区首席市场官。我之前并没有从事饮料行业工作的经验，但我打算将一些人误认为的“缺乏经验”，一个局外人的视角，转化成我的竞争优势。我组建了一支拥有各种不同技能和观点，并且工作能力令人惊叹的专业人士团队。在我们的共同努力之下，我意识到虽然媒体和娱乐行业缺少快速消费品公司所具备的超强执行能力，但是娱乐世界的创造力和丰富多彩却完全可以弥补这个短板。

在 2008 年北京奥运会期间，通过团队上下的努力，我们创意性地将百事可乐标志性的蓝色罐装色换成了中国国旗红色，并设计了“敢为中国红”这样耳熟能详的广告语。通过一系列叫座的营销活动，百事可乐成功抢占了可乐市场，拿下了奥运会官方赞助商可口可乐的市场份额，这还是奥运会期间可乐战争史上的头一次。

回想起在百事工作的岁月，我意识到我拥有将整个职业生涯中许多不同的经历都激活起来的能力，而我所在的团队的多样性，正是弗朗斯 · 约翰逊（Frans Johansson）所提到的多元思考力——本书的中心观点。约翰逊认为，佛罗伦萨的文艺复兴之所以发生，是由于美第奇家族有能力汇集起一个非常多元化的人际网络——从石匠、金融从业者、科学家、艺术家再到哲学家。看似不同领域的知识彼此碰撞交叉，激发出了更多崭新的概念与创意，从而有效地改变了欧洲以及整个世界的面貌。

2018年，中国在全球创新指数（Global innovation Index，GII）中名列前20。这是自11年前GII创立以来，中国首次将自己定位为世界上最具创新性的国家之一。中国的研发支出已经排到了世界第二，还孕育出了腾讯、阿里巴巴等具有全球竞争力的巨头公司。

当我写下这些内容时，我正处在我的第四段职业生涯中，在私人资本行业工作并且正在为入行六年来创造的三家独角兽公司与四支新股上市准备庆祝活动。在这个职业中，我发现自己正再次将美第奇效应带到了工作中，同时不断地寻找着音乐行业与投资策略之间的交叉点。

约翰逊的书阐述并且明晰了那些我出于本能而采用的原则；那些看起来互不相干的概念都能被而且应该被结合起来；我们那些像壁毯一样丰富多样的生活经验应该被视为一个连续不断的整体——一趟完整的旅程。

在这个全球化使彼此日益紧密联系起来的世界中，竞争对手，人才以及干扰项可能会从任何地方不经意的出现。我们应用美第奇效应并踏入“交叉点”的能力变得从未如此重要。当张杰为我行我 Show 试镜的时候，他一点英语都不会说，但是，他选择了唱一首后街男孩的歌并且最终问鼎。美第奇效应让我在这个纷繁复杂并且多元化得不可置信的世界中如鱼得水，我相信它同样能帮到你，能够用系统高效的多元思考力和执行力理性面对未来的不可预测，并最终获得成功。

许智伟

前　言

彼得咖啡馆（Peter' s café）坐落在奥尔塔（Horta）的半山腰上。奥尔塔是一座港口城市，隶属于亚速尔（Azores）群岛。船一靠岸，人们便能强烈地感受到此地的特别之处。五湖四海的船长和船员均聚集在此。船身上色彩斑斓的彩绘和迎风招展的旗帜，构成了一幅让人过目难忘的美妙图景。奥尔塔坐落于大西洋中部，位于欧美大陆之间。往返于两座大陆之间的船员都会在这里歇脚。有的船员要去斐济；有的船员要去西班牙；有的船员已是第二次环游世界；有的船员在这里稍作停留便要前往巴西。船员们身份各异，代表的文化及身份背景也各不相同。然而，所有人都情不自禁地被这座散发着乡间幽情的咖啡馆所吸引。在这里，他们可以阅读游子们从世界另一头捎来的，被岁月尘封的信件；也可以坐下来喝点啤酒，尝尝马德拉奶酪，海阔天空地闲谈。

我第一次来到这里，就意识到这间宁静的小咖啡馆其实暗藏着一个混乱的宇宙。来自世界各个角落的想法与观点在这间咖啡馆内交织和碰撞。

“你们知道吗？古巴人钓马林鱼是不用鱼钩的。”一位客人说。

“那他们用什么呢？”人们问道。

“破布。他们用破布做诱饵。因为摩擦力，鱼一旦撞到破布上，就会被布紧紧地缠住，无法逃脱。破布不会让鱼受伤，因此它们随时可以被放生。”

“这一招可真聪明。也许我们也可以试试……”

这种闲谈带来思维的随机碰撞，一个话题很快带出另一个话题，谁也不知道大伙儿接下来会聊些什么。彼得咖啡馆将整个世界联系在一起，是我见过的为数不多的典型案例。

这世上还有一个类似于彼得咖啡馆的地方，但它不在亚速尔群岛，而是在我们的大脑中。在这里，不同文化、领域、学科汇聚于一点，它们相互连接，不断碰撞、结合，最终形成无数具有开创性的新思路。不同的分支在这里相遇，形成了我所说的“交叉点”（intersection）， 而这本书讲的就是如何在交叉点上产生非凡创意。

交叉点上的非凡创意

这本书背后的原理很简单：当你踏入各个领域、学科和文化形成的交叉点时，你便能够将现存的概念结合在一起，从而激发出一系列的创意。我将这一现象定义为“美第奇效应”。这一灵感源于意大利 15 世纪的创意大爆发。

美第奇家族是佛罗伦萨的一个银行世家，他们慷慨地资助了来自各行各业的创造者。多亏了他们以及少数与其类似的家族，雕塑家、科学家、诗人、哲学家、金融家、画家、建筑家纷纷拥进佛罗伦萨。他们遇见彼此，相互学习，打破不同学科和文化间的屏障。这些创造者碰撞出无数创意，共同缔造了一个新的盛世，也就是后人口中所说的文艺复兴。佛罗伦萨因此成了创意大爆发的中心，那个时代也成了有史以来最具创造力的时代。时至今日，美第奇家族产生的影响力依然存在。

只要将不同的学科与文化有机结合，寻找交叉点，我们也能够创造出美第奇效应。无论是个人、团队还是组织都能够点燃创意，并从中受益。本书将让您了解到如何在交叉点找到创意并让创意成为现实。这不是一本文艺复兴简史，也无关美第奇家族。这本书要说的是使得那个年代出现的关键性要素。通过这本书，你会看到当你踏入不同学科与文化的交叉点后，你将获得怎样的创意，又要如何把创意运用到实际生活中。

惊人的洞察力

米克·皮尔斯（Mick Pearce）是一位对生态学抱有极大热情的建筑学家。他从一家业务涉及保险、房地产的集团——英国耆卫保险公司 (Old Mutual plc.) 那里接到了一项任务：为这家企业建造一幢兼具功能性和美观性，以及不用安装空调的办公楼。这可是件棘手的活儿，要知道办公楼的地址可是位于津巴布韦的首都哈拉雷！

乍一看，这项挑战多少有些荒唐，哈拉雷可是一座热带城市。皮尔斯生于津巴布韦，在南非读书，并于伦敦进修建筑学，所以他是接受挑战的最佳人选。通过观察白蚁怎样给它们的泥土巢穴降温，皮尔斯获得了灵感。那么，白蚁筑巢与耆卫保险公司的挑战到底有什么关系？

为了获得必要的真菌，蚁巢的内部温度需长期保持在 30℃左右。这可不是件容易的事。非洲平原的温差极大，能从白天的 37.8℃骤降到夜间的 -40℃。这些小小的昆虫聪明地改变了蚁巢的风向，把底部的微风引入内室，再引到蚁穴顶部。通过建造新排风口，封闭旧排风口，它们可以精准地调节蚁穴内的温度。

皮尔斯的个人兴趣并不局限于建筑学。他对自然生态系统有着很深的兴趣，这次的任务让两个领域得以交叉。皮尔斯与工程师欧维·阿鲁（Ove Aru）联手，把概念变为事实。这幢精巧错综的办公大楼叫“东方之门”（Eastgate），于 1996 年投入使用，也是津巴布韦最大的商业及零售业建筑群。建筑内的温度保持在 22.7℃到 25℃，耗能量还不到同等规模建筑的 10%。由于未安装空调系统，它在建造之初就省下了 350 万美金。“东方之门”成了建筑业的标杆，获奖无数，许多书本和文章也把它作为案例加以介绍。因为它为建筑学引进了“复制自然”的设计方法，米克·皮尔斯成了这一行业了不起的改革者。

那么，皮尔斯究竟是如何想出这种富有创造性的设计呢？仅仅是因为运气吗？也许吧。运气对每个人而言都是至关重要的。更有趣的问题是，皮尔斯究竟是因为什么实现了这次突破？他是不是靠着自己的力量争取到运气的？答案当然是肯定的。而他争取运气的方法就是这本书的核心。皮尔斯站在交叉点上，把建筑设计与自然界的作用相结合。正是因为他愿意探索这些组合，他才更有可能开辟新天地。当然，交叉点不是发现新点子的唯一场所，但我认为它是产生和实现非凡创意的最好地方。

人人都能找到交叉点

从米克·皮尔斯的案例中，我们看到人们是如何寻找到交叉点，并从中获得新发现。这个例子也许会让人们误以为交叉点仅仅是对设计师和艺术家有帮助。人们常常会把创意和艺术联系在一起，但创意其实存在于各行各业。无论是科学界、商界、法律界还是政界，都有赖于创意。

就拿乔治·索罗斯 (George Soros) 来说吧。他是一位看似反理想主义的艺术家，也是当代备受推崇的投资者。索罗斯因为 1992 年成功地做空英镑一举闻名。索罗斯打赌英镑被高估，在短短一个下午就赚了 10 亿余美元。虽说他也有过一些让人心痛的失误，但作为一个投资者，索罗斯有着惊人的成绩，并且为他的基金赚了数十亿美元。

然而，索罗斯最重要的遗产也许并不是他与合伙人积累的物质财富，而是他对于民主和资本主义的看法以及对待慈善的态度。索罗斯把金融与哲学领域的思想相结合，创造了一个与慈善相关的新策略。这个史无前例的策略异常胆大。索罗斯提出，我们应该将国家转变成社会，因为没有人能垄断真相。他将这样的社会称为“开放社会”。米迦勒·考夫曼（Michael T.Kaufman）在《索罗斯：以救世主自居的亿万富翁的生活》（Soros: The Life and Times of a Messianic Billionaire）一书中写道：“在这一过程中，他对数十个主题进行了挖掘研究，比如，知识的边界、现代艺术的发展、经典经济学的缺陷，甚至对国家改革做了展望。”

乔治·索罗斯找到了交叉点，想方设法在完全独立的领域间寻找联系，并以一种有意义的方式实现了这一点。米克·皮尔斯也是如此。

无处不在的联系

这听上去也许不大可能实现。学科与文化的交叉是否能解释那些了不起的创新突破，以及那些能创造“美第奇效应”的人？如果可以的话，人们是否有可能理解交叉点的本质，并将其转化成可利用的力量？这两个问题的答案都是肯定的。写作本书时，我一共抱着三个目标：

首先，我需要解释交叉点是什么，以及为什么我们能够从中获得新发现。你将看到交叉点是怎样在三股关键性力量的合力下遍地开花的。

其次，我要说清楚交叉点为何能产生美第奇效应。你将看到交叉点为何是一个充满活力的地方，我们要怎样利用交叉点产生让人拍手叫好的非凡创意。

最后，我要勾勒出我们执行多元化思考时所面临的挑战，以及如何应对挑战。你将看到执行多元化思考与执行已知领域内的创意是不一样的。通过这本书，你也将学会如何应对这一差异。

为了实现这三个目标，我参考了大量经典著作，如迪安·基思·西蒙顿（Dean Keith Simonton）、克莱顿·克里斯坦森（ Clayton Christensen）、特瑞莎·阿马比尔（Teresa Amabile）、罗伯特·萨顿（Robert Sutton）和众多心理学家、经济学家、社会学家的作品。我最有趣的发现与结论，其实源于同生活在交叉点的人们的对话与访谈。通过这些对话，我了解到他们是怎样发现交叉点的。这些人给我带来了无限惊喜，他们的真知灼见哪怕两三本书也写不完。

比如，你将认识一位来自西雅图的数学家，他踏进了游戏与收藏的交叉点，创建了世界上传播最快的娱乐活动。在这本书里，你将看到他是如何做到这一切的。他的经验教训对于任何处于交叉点上的人来说都是有借鉴意义的。你还会认识一位聪明的企业家，每当他踏进交叉点，都会创建一家新公司。他的故事会让你学到如何鼓足勇气面对不确定性。你会遇到一位将预防暴力与医疗保健结合在一起的医生。当时还没有人看到这两件事之间的联系，为了把自己的想法付诸实践，她付出了大量常人无法想象的努力，而这也是每一个处在交叉点的人都将面对的挑战。在这场奇妙的旅行中，你还会遇见一位女士，她一边徒步穿越哥伦比亚海岸边遍布毒蛇的囚犯岛，一边研究岛上的火山熔岩。你还会读到一位 24 岁时因为发明新的食物混合剂一夜成名的厨师，同时还在尝试着解读猴子思维。这些人以及他们了不起的创新，帮助我们更好地理解了交叉点的力量。他们把我们原以为不相干的领域相结合，因此获得了不起的创意，从而改变了自己以及他们所在的组织，最终改变了世界。通过他们的例子，我们将获得宝贵的经验。他们的故事也回答了这本书的核心问题：我们如何促成全脑思维，怎样让创意变成现实。答案一定会让你惊喜。

目　录

第一部分
深度洞察力——洞悉事物发展背后的本质和联系

第二部分
多元思考力——实现认知升维的最佳途径

第三部分
能力升级——成为思维高手和掌握命运的少数人

第四部分

人生破局点——参透思考的真谛，你的人生会变得更加辽阔

第一部分

深度洞察力——洞悉事物发展背后的本质和联系

有些时候，新点子来得很慢，得花很长一段时间才能成熟。还有些时候，它来得极快，灵光乍现便一发不可收拾。这本书就属于后者。2001 年 3 月的一个早晨，一幅图突然闯进我的脑海。这幅图很简单，就是两道相交的明亮光束。图像虽简单，但它给我带来的启示绝不简单。

在我眼里，这两道光束不仅仅代表着光，它们还代表着不同的领域和文化。定睛观瞧，我发现每道光柱都是由众多碎片构成的，就像人们在电视纪录片中看到的原子或分子结构。它们飘浮在空气中，相互碰撞，而每一个闪光的“原子”和“分子”都代表着某个特定领域的知识和概念。

几秒钟之内，几件事情变得明朗起来。第一，最近一段时间的思考和阅读告诉我，新的思考是由现有思想组合而成的。按照这种说法，人们可以很清楚地看到新知识是如何诞生的。观点与概念不断碰撞，有时会黏附在一起，从而产生新的组合。这些创意还会空袭碰撞，再创造出新的组合。第二，我经常听人提到过这样一条思考法规：更多的想法能带来更好的想法。如果这一说法成立，那么两个领域的交叉按理说是可以促进创新的。因为交叉不仅增加了各个领域想法的总数，而且能让想法倍增。新创意的组合潜力将实现指数级增长。

最后这一点是关键。我们如果可以在交叉点上大幅推动创新，这就能解释我一生中笃信的一个概念：当我们把不同观点、文化和背景融合在一起，便极有可能产生伟大的创意。那幅图片仅仅在脑海中出现了一分钟，却重新定义了我的生活。

很久以前我便知道，不同领域和文化的交叉有利于新思维的产生。我本人的成长背景就不断印证了这一说法。我父亲是个瑞典人，母亲是非裔美国与切罗基族（Cherokee）（切罗基族是北美印第安民族，属易洛魁人的一支）混血。我从小到大都生长在一个多国家、文化、民族的环境中。在我父母的身上，我无数次见证他们将不同背景的观念融合、匹配，最终形成新的传统和看法的例子。

上大学以后，我更是看到了不同领域和学科相结合产生的力量。因为这个原因，我还创办了一本名为《催化剂》（*The Catalyst*）的跨学科杂志。"创新交叉"这个概念对我而言已不是什么新鲜事。但那天早上闯入我眼前的图像有着不同的意义。这是第一次，我能够解释交叉点之所以强大的原因。这个顿悟开始吞噬我，我决定写一本书。于是，我开始采访世界各地的艺术家、设计师、科学家、企业家等各行各业的改革者，如饥似渴地阅读过去几十年间与创意创新相关的研究。

我向哈佛商学院的特瑞莎·阿马比尔教授求助。几年前，我曾经上过她的创意课。那段时间正是创业公司发展的最佳时机。我的软件公司走上正轨后，我离开了哈佛商学院。互联网泡沫（dot-com bubble）[①]崩溃后，我决定回学校修完最后一学期课程，期望阿马比尔教授能为我的独立学习项目提供指导。

阿马比尔教授接受了我的请求。在她的指导下，我开始了写作。这部分内容后来成为这本书最开始的几个章节。临近毕业时，我意识到自己很难在短时间内投入职场。虽然从个人财政方面来说，找工作一事迫在眉睫，但是写书实在占据了我太多时间。我需要给自己找一家出版社，还有一位愿意推荐我的经纪人。然而不幸的是，当时的我默默无闻，在此之前也不曾出版书籍。因此，我决定选择向哈佛商学院出版社（HBS press）寄一份写作大纲。除了特瑞莎·阿马比尔教授，所有人都说这份大纲一定会石沉大海。哪怕是哈佛商学院的教授，也没几个人能在这家出版社出版个人专著。

没想到大伙儿都错了。收到出版社报价单的那一刻（毕业的前一天，报价单发到了我的邮箱），我第一次感觉到关于“交叉点”的创意也许比我想象中更了不起，要不然出版社怎么会给我这个机会？

现在，我每个礼拜都会收到一些新人作者关于如何开始一

① 指由1995年至2001年间与信息技术及互联网相关的投机泡沫事件。

个出版项目的提问。他们中有头发花白的前首席执行官，也有还在念书的学生。我的建议通常是以下 4 点：（1）一旦你有了想法，就开始行动。哪怕起步阶段没有奇迹，谁又能保证奇迹不会在终点等着你？（2）这件事比你想象得更艰难。（3）找出一个核心观点，并坚持这个观点。否则你的书会变成一团乱麻。（4）没人能保证你一定会成功（每年有成百上千的新书出版），因此你最好确定自己真心想做这件事。

当然，这些建议仅仅基于我的个人经验，可是它们大致总结了您可能遇到的问题。《思维不设限》初上市时，我已做好了失败的准备。最初，我对于成功的标准很简单，只要这个领域中我所尊敬的人认为我的书有价值就好，没想到成功竟来得这么快。特瑞莎为我的书贡献了一篇精彩的书评。当年我的英雄克莱顿·克里斯坦森（Clayton M. Christensen）① 在邮件中告诉我："这是我读过的诸多创新管理书籍中见解最深刻的一本。"在这之后，我的成功标准自然提高了。我开始期待更直接的影响——尤其是销量和亚马逊排名（这也是让每一位作者烦恼的东西）。

这本书刚发行时没什么水花。除了本书，哈佛商学院出版

① 哈佛商学院教授，代表作为《创新者的窘境》和《创新者的解答》。

社当月还发行了两本创意方面的书籍。其中一本是克莱顿·克里斯坦森的著作，另一本书的作者更是在公共广播公司（Public Brodcasting Service, PBS）有自己的节目。

对于我这样一个新人来说，这可不是什么好事。然而，人们很容易对一本书的成功与否产生误解。以往的经验让我们不自觉地用判断电影票房的方法来分析图书销售。一部电影首映头两周的表现几乎能决定票房的生死，很多人认为图书销售也是如此。我就是这样以为的。可是，图书和电影其实是两码事。一本书的长期影响力也许要等上几年才能显现，就像这本书一样。人们会在适当的时候阅读一本书，从书中获得思考也需要时间。这本书的情况便是如此。

几个月以后，陆续有企业邀请我发表以创新思维（innovation）为主题的演讲，越来越多的人开始讨论书中的观点。回想起来，因为某些奇怪的原因，我一直以为这本书的核心读者群会是科学家。人们当年常常能听到关于交叉学科的讨论，今天也是如此。在本书的第 2 章中，我引用了美国科学促进会（American Association for the Advancement of Science AAAS）[①] 首席执行

① 成立于 1848 年，是世界上最大的科学和工程学协会的联合体，也是最大的非营利性国际科技组织。美国科学促进会是《科学》杂志的主办方和出版方。

官亚伦·莱什纳（Alan Leshner）的话，“交叉学科已死”。事实证明我实在是大错特错。我的观念实在太陈旧。这本书的确获得了科学界的肯定，但它的读者群远不止如此。相反，这本书第一批真正的读者其实是那些背景更加多元化的管理层群体（chief diversity officers），这是我始料未及的。

本书出版后不久，我接到了吉娜·沃伦（Gina Warren）的电话。她当时是耐克集团执行副总裁，负责处理企业多元化和包容性的工作。吉娜热切地希望我帮助她改变耐克集团在这一领域的思维方式，使他们内部人员在设计、创意、创新方面变得更主动。她认为本书提供了一个完美的框架和蓝图，因此，想了解我是否能在耐克集团的执行领导委员会中分享我在这方面的见解。

“当然没问题。”我回答，“但您恐怕得等一等。我目前正在巴黎准备一场演讲，然后得前往斯德哥尔摩。两次行程之间，我有 36 小时空档期，直到周一都有空。我倒是可以赶到差不多半个地球之外的波特兰市，但是领导力小组会议周二才召开，我恐怕无法调配时间。”

在吉娜的安排下，小组会议从周二挪到了周一，我的行程也因此确定。

当我终于来到耐克总部后，该公司的首席执行官起立为大家介绍了吉娜。首席执行官介绍完毕后，吉娜向大家介绍了我。这位先生是这样说的："首先，让我们欢迎吉娜·沃伦。吉娜刚刚成为多元化与包容性部门的领导，而她将自己的职业未来都压在了我们今天的演讲人身上。"我的头脑立刻警觉起来。他刚才说的是，吉娜把自己的职业前景都压在了短短一小时的演讲上。我的脑中闪过两个念头：①我必须打个漂亮仗；②考虑到吉娜花了这么大的功夫把我请来，这件事一定比我想象得更重要。

幸运的是，那天的演讲效果不错。我们很有必要总结出一个框架和一套理论，向人们解释创意和多元化思维如何产生以及为何产生。因为一旦人们理解其中门道，就能将这套方法运用于自身。接下来的提问中，没有一个是质疑多样性的，因为这是"正确的做法"。因为这场演讲，耐克领导力小组的成员了解了一种有关设计和创新的模式。这也使吉娜引出接下来的演讲，让她得以从全新的角度谈论多元化与包容性。

没用多长时间，我们耗尽整个多元化部门的力量，为耐克集团定制了一座创新工坊。这对全球超过 40 个国家的耐克团队的几千名员工来说都是一个了不起的体验。几年以来，我听到无数耐克员工讨论这些新创意和全脑思维的方法给他们工作带来的影响。比如，飞人乔丹系列的传奇设计师贾森·梅（Jaysen

Mayden）以及为耐克公司带来最多专利的汤姆·斯蒂茨（Tom Stites）。

吉娜的那通电话促成了接下来的所有改变。时至今日，我依然为我自己能为多个行业领域带去多样性与包容性的内容而感到骄傲。无论是全球各国元首或部长、最大组织的领导者，还是视女性的声音如无物的最贫苦乡村的村民，与这些人共事、讨论问题都是十分有价值的。

在这个同质化的社会里，我从小到大都是少数派。也许正是这样的成长经历，让我如此关心本书中提到的诸多问题。哪怕到了今天，许多大公司，甚至整个硅谷都无法让多样性与创新实现有效地连接。这也是欧洲和世界其他地区面临的共同问题。在多元化与包容性领域耕耘的工作者们是这本书最早期的推动者，他们让各行各业的首席执行官与高管看到了它。当然，其他领域的读者也许从这本书中看到了其他的亮点，使得这本书的影响力不断发酵。公平地说，本书的影响力是持续增长的。

如今已有数以千计的书籍、期刊和研究报告引用了本书中的观点。这本书出现在世界各地顶尖学府的课程中。不仅如此，本书还从一定程度上影响了各个国家和地区关于经济发展的思考。受到这本书的影响，奥兰多（Orlando）市建立起了一个价值20亿美元的生命科学项目——“医药之城”（Medical

City)。这个项目的影响力绝不亚于肯尼迪太空中心和迪士尼乐园。欧盟在构建创新生态系统时参考了书中的框架。世界经济论坛在创建全球竞争力指数(Global Competitiveness Index)时也将这本书作为一个基础性的参考。谷歌与皮克斯动画工作室举办的“交叉点”峰会和德国杜塞尔多夫市德鲁巴(Drupa)展会都是很好的例子,而后者已成为世界上最大的贸易博览会,每年参会人数超过 30 万人。

凭借本书,我开始了演讲人的职业生涯,并在极短的时间内给无数人带来启发,这是个激动人心的工作。很多组织邀请我发表了多次演讲。我甚至在不少企业中发表了超过 20 次演讲。这本书还帮助我建立了自己的创意思维咨询公司——美第奇集团。我们与世界各地顶尖组织有过良好合作,比如迪士尼、诺华、联合国、联邦储备委员会等。

这本书给我带来了源源不断的惊喜。就拿最近的例子来说。几天前的一个晚上,正当我百无聊赖地浏览网页时,我读到埃迪亚贝拉科技中心(Aditya Birla Science and Technology Center)已在近期投入使用。照片中的科技中心看起来就像一座太空飞船,是一个有着圆滑流线型的庞然大物。它坐落在一片空旷的土地上,敞开怀抱准备欢迎来自未来的客人。埃迪亚贝拉是印度最大的企业集团之一,无论是时尚业还是水泥业,这家公司几乎囊括了所有行业。今天，埃迪亚贝拉集团决定将这些行业结合在一起，并把原本独立的研发中心整合起来，让科学家和工程师合作，共同创新。这座建筑就是整合后的新研发中心的所在地。

浏览埃迪亚贝拉科技中心的照片时，我惊喜地发现这座建筑完美地印证了我过去十多年来所说的话，它代表了本书的核心价值。研发中心负责人是这样说的："我们想要努力创造出我们主席所说的'美第奇效应'。"看到这里，我拍了拍脑门。原来如此！几年前，我们的团队与这家公司的领导力小组有过合作。我们组建了许多跨性别、功能和行业的多样性团队，并利用这种多样性帮助该公司迸发出很多新的想法。我看了一下文章的日期，那次合作的两年半后，这个项目终于落了地。

我出神地望着照片中这一建筑。看到一个理念得以物化，成为钢筋与混凝土的结晶，我感到万分欣慰。本书中的理念不光鼓励这家公司以一种全新的方法进行思考，还展示了一些具象的东西。运气好的话，它可以经得起数十年，甚至几个世纪的考验。也许这样说有些不应该，但我从没想过美第奇效应竟然能在建筑和室内设计方面发挥出如此大的影响。事实上，此后不久，我们的顾客便开始邀请我们协助设计办公空间。我们与世界顶尖的建筑公司合作，帮助他们如何在建筑中运用"美第奇效应”。我的书以各种形式在世界各地发挥着影响力，辐射的范围我早就算不清了。如果您想要了解更多与本书及其影响力有关的故事，请登录我的网站：www.fransjohansson.com.

本书出版后，我向数以百万计的听众发表了演讲，美第奇公司也和世界各地超过两千个团队建立了合作。哪怕课程已结束了几个月甚至几年，我们仍与这些团队维持着紧密联系。我们的主要任务是帮助这些团队构思具备突破性的多元化思考能力。更重要的是指导他们将创意付诸实践。这些经验让我清楚地看到为何有些团队比其他团队做得更好。我想说的主要有两点原因，这也是我当初写书时还未认识到的。

第一个原因是团队的多样性。许多理由解释了多样性之于成功的重要性。既然您手中的书本已列出了大部分理由，那么我想要重点说说大部分书中未曾提及，且极少被人关注的一点。当一个团队拥有某个突破性的想法后，他们必须执行这个想法。最好的方法是以小而快的节奏执行，或者以我说的“最小的可实现步骤”（smallest executable step）持续推进。过去十年间，这已经成为创业文化所信奉的普遍真理。行业内用到的形容词通常是“灵活”（agile）、“精益”（lean）。有趣的是，我们发现一个富有多样性和包容性的团队，比同质化的团队更容易采取这种灵活的方法，尤其是在大型组织内部。

这是为什么呢？当你只能靠着有限的资源执行想法时，或求或借，你总得借助某些非传统渠道的力量。也许你需要依靠其他人的资源，也许你得借用他人的预算，也许你认识某个能助你一臂之力的营销大师或者某个可以帮忙应付烦琐流程的高管。事实证明，一个多样性的团队更容易借助各方资源。与同质化团队相比，多样性团队的成员往往认识更多企业内部或外部的能人。我们一次又一次地看到，同质化的团队在执行想法或运行测试时经常会遇到问题。面对组织的复杂性，他们显然缺少应对方法。

从另一方面来说，一个超越身份和功能的团队，比如，超越性别和族裔的多样性团队，可以掌握组织内部更具多样性的社交网络。有了这种多样性，哪怕关键路径被阻断，他们依然可以继续前行。

我要说的第二个原因是“激情”的重要性。诚然，这个词这些年来受到了多方抨击，但激情其实是一个被低估的关键变量。当人们尝试着寻找需要被进一步推进的想法时，很少有人会提到“激情”或它的近义词。

然而，根据我们的观察，最有可能实现成功的团队往往发自内心地认可他们的想法，认为它对组织甚至整个世界有益。这一点至关重要，因为当我们执行某个创新的想法时，我们必须克服一个又一个障碍。第一次、第二次，甚至第三次尝试都可能失败。你会在最不该遇到问题的时候遇到问题，会遭到同事们的无视和怀疑，甚至连你本人都无法相信自己。你要如何克服这些障碍？好吧，除非是别无选择（如战争），你必须对某个创新性的想法抱有感觉。激情对于团队来说是举足轻重的，因为它是帮助你克服障碍的关键。事实上，你必须对你的想法怀抱着非理性的热爱。因为如果这种爱是理性的，你也就不需要激情了，你自然会去做这件事。

今天，激情已成为我们帮助团队选择正确目标的关键性参考要素。不仅如此，我们还竭尽全力地向我们的合作伙伴灌输激情。我们创造了所谓的“顿悟时刻”。在这样的时刻，人不仅会产生突破性的见解，还能对某个想法产生情感共鸣。诚然，我们没有一个用来衡量激情的明确标准，因此我们会设置许多测试与障碍，看看人们为实现想法愿意付出多少。更重要的是，看看团队内部是否拥有为这个想法而奋斗的精神。

本书首次出版距今已有近 13 年。今天，它的实用性已达到了史无前例的高度，这也是新版本如此让人兴奋的原因。当今，交叉创意的可能性比任何时候都多。不同文化与国家之间的障碍正逐渐瓦解。不同领域与产业不断融合、更新，社交媒体的普及使得人们更容易与不同于自己的群体交流。一个关键问题摆在我们眼前——我们要如何应对这样的变化？本书给出了许多很棒的答案。

在这里，我要向帮助完成新版本的朋友们表示感谢。首先要感谢的是为我撰写序言的特瑞莎·阿马比尔。她帮助我找到了人生的新道路，我将永远记得她的情谊。我还要感谢为这个项目献出时间与力量的美第奇团队成员，他们包括珂莱欧·金（Cléo Kim）、尚塔尔·杨（Chantal Yang）、克里斯蒂安·锐博斯特罗姆（Kristian Ribberstrom）以及瑞安·梵·厄科（Ryan Van Echo）。特别要提到的是菲利普·穆西（Philip Musey），是他帮助我整理了所需的材料。当然，我还要感谢《哈佛商业评论》（这是他们现在的名字），他们看到了新版本的潜力。我最感谢的是我的家人，我的妻子斯威特·乔伊（Sweet Joy），她从一开始就给了我最大的支持。我的两个女儿——她们是交叉点完美的例子。在我最需要灵感时，也是她们给了我灵感。

第二部分

多元思考力——实现认知升维的最佳途径

第一章　人人都可以实现的多元思考力

2002年春，罗德岛（Rhode Island）普罗维登斯市（Providence）布朗大学（Brown University）的一组研究人员完成了一项意义非凡的实验。在这个实验中，研究人员教会了一只猕猴玩电脑游戏。这个游戏主要是用一个黄色光标追逐屏幕上的红点，红点就像冰面上的冰球一样不断进行着随机运动。这款游戏看起来像是为儿童设计的，但最大的不同在于，控制光标的并非鼠标或游戏杆，而是意念。猕猴凭着意念控制光标的走向。

这一实验的结果发表于著名的科学杂志《自然》上。它极有可能是布朗大学迄今为止被报道最多的科学故事之一。新闻稿在网络刊载的第一天，来自全球各个角落的电话便如潮水般涌向一位实验者，在校研究生米亚尔·泽鲁亚（Mijail Serruya）。“接到电话时，我刚起床不久，正迷迷糊糊地要去浴室刷牙。”泽鲁亚回忆道，“电话那头的人说‘您好，我来自英国广播电台’。”记者们迫不及待地想要了解有关这项试验的一切，比如，这项科技是否能用于军用，再比如能否帮助那些不肯把屁股从电视机前的沙发上挪开的懒人。

这个故事之所以吸引人，不仅在于科学家们的发现，还在于这一发现是人们主动寻找学科交叉点的结果。这一非凡成就背后的成员包括数学家、医学家、神经科学家、计算机科学家。在帮助人类理解大脑的运行运作规律方面，他们每个人都起到了关键作用。这支团队头脑风暴，发散交叉思考，这也是他们能够实现这一伟大成就的原因。

这一切绝非偶然。利昂·库珀（Leon Cooper）教授是布朗大学的脑科学研究先锋。库珀教授做了一个意义重大的决定，尽可能地将各学科的精英集中在一起研究人脑。库珀本人就是个涉猎广泛的通才。大约在“解读大脑”实验的30年前，库珀教授就因为在固体物理学方面的成就荣获诺贝尔物理学奖。而在此之前，他的研究领域其实不是固体物理学。后来，库珀教授又把研究领域转移到大脑科学上。除了在这一领域取得的不胜枚举的成就，他还建立了自己的公司，内斯特股份有限公司（Nestor,Inc.），这是美国最早从事神经网络研究的公司之一。库珀多次见证了多领域结合所带来的好处，因此他将这一策略定为大脑研究项目的基础策略。“大脑研究不同于纯粹的物理研究。生物的本质使我们不得不组建起一支特别的团队。”一天下午，库珀这样对我说，“跨学科的设置使我们得以更好地分工，也增加了我们在这一领域获得新发现的可能性。”前文提到的大脑解读实验完美地佐证了他的话。

在这个实验中，小组成员需设法“窥探”大脑产生动机的秘密。研究人员在猴子大脑中植入微型电极，并利用计算机，通过先进的统计技术解读猴子大脑中释放的信号。许多原本无法解读的大脑数据被还原成猴子正在思考的内容。通过这个实验，这个团队把大脑中的思维转换成真实的动作。之所以能产生这样的突破，是因为这个小组把来自不同领域的精英集结于一处，使他们的想法相互交融和碰撞。

这一发现有着非同寻常的意义。“电极的植入未来极有可能被运用于人类。”米亚尔·泽鲁亚如是说，“通过这个实验，我们有理由相信，科学家们有可能把计算机和瘫痪的病人联系在一起，帮助病人恢复与自然的接触。”展望未来时，泽鲁亚表示，终有一天，凭借意念控制人造义肢将不再是科幻小说中的情节。

今天，由约翰·多诺霍（John Donoghue）领导的脑科学研究项目集结了来自各领域的研究者，包括认知神经学、神经科学、生物学、医学、心理学、精神病学、物理学、数学等。无论是多诺霍还是库珀，都认为他们的团队必须踏进多领域的交叉点。因为只有这样，他们才有可能实现关键性突破，进一步推动现有的发现。“比如，某天下午和一个统计学家在走廊上的偶遇，可能会引发一场讨论，而这场讨论正好能解决某个我一直在纠结的问题。”多诺霍这样说，“研究人员不知道有趣的事情会在何时发生。但是只要他们继续讨论下去，就一定能获得新的发现。”

从根本上讲，帮助科学家们实现突破的方法，也是帮助米克·皮尔斯设计出巧夺天工的建筑，帮助乔治·索罗斯在投资和慈善方面实现突破的方法。可是话说回来，为什么这种方法更有可能给世界带来根本性的改变？在回答这个问题之前，我们必须先对创造性思维与思维过程的本质有所了解。

第一节　多元思考力可以培养出更富有创造性的想法

我们为什么认为大脑研究项目的实验是有意义的？仅仅是因为猕猴玩游戏让人们瞠目结舌，拍手称奇吗？任何事情都有可能引起我们的惊叹，从世界上最大的南瓜到洛杉矶下午 5 点的大堵车都能做到，可这些东西并不意味着创意。

解读大脑实验的创造力在于，它是新出现的，而且是有价值的。之所以说它有意义，是因为这个试验把创造性的想法转变成了现实。这个对于创意与创新的定义，与哈佛商学院优秀的创新问题研究者特瑞莎·阿马比尔提出的定义相似。这个定义虽说看起来十分简单，却需要我们花很长时间做进一步研究。

创造性的想法是新颖的

大脑实验所实现的成就是前人不曾做到的，而这显然是创造性想法的一大特征。临摹莫奈的画作算不上创新，建立一个与亚马逊一模一样的图书网站也不是创新，只是在模仿他人的商业模式。

衡量创造性的标准看似简单，却暗藏着欺骗性。假设一个想法对于创造者来说是新的，对其他人却不是，那它还算得上是创造性想法吗？不幸的是，我们很难把这样的想法看作是有创造性的。比如，假设有人声称其发现了DNA中的双螺旋结构，是不会有人对这一发现予以关注的。因为早在50年前，沃森（Watson）与克里克（Crick）就发现了双螺旋结构。如果情况正好相反呢？如果一个想法对于创造者来说毫无新意，对其他人来说却是新奇别致的，那它是否是有创造性的？比如，创造者对某个古老的故事重新包装，给固有的东西换个花样，就像托马斯·爱迪生（Thomas Edison）和他的团队给灯泡安上灯座那样？在这种情况下，大多数人会都默认这种产品是有创造性的。事实上，大多数创造性活动都是以这种形式诞生的。

创造性的想法是有价值的

一个创造性的想法光是新颖是不够的。比方说，“4+4=35372”绝对是个新颖的提法，但它绝对算不上有创造性。因为除了新颖，有创造性的想法还必须是有价值的。比如，脑科学团队的实验之所以有创造性，是因为对大多数人来说，这个实验新颖并且有价值。从各路媒体在对其报道的文章刊载于《自然》后便竞相转载的事实就能窥见一斑。

创新性的想法是可实现的

我们之所以认为脑科学团队的实验具有创造性，是因为他们的实验取得了成功，而且实验中的发现能被应用于其他人的研究。所以创新不仅要具有价值，还能被运用到社会的其他人身上。如果一个好的想法仅仅存在于某个人的脑海中，它并不能被看作具有创新性。创新性的想法必须能被“贩卖”给其他人，无论是看重其科学价值的同行，想购买新产品的消费者，还是阅读文章或书籍的读者。

从某种意义上，这个被人们普遍接受的关于创造与创新的定义蕴含着很多让人不安的元素。通常情况下，我们认为个体是有创造力的，但我们忽略了个体只有在与周遭的环境保持一致的情况下才具有创造潜能。不仅如此，创造性只能在现实社会中产生，因为最终是由社会决定某个想法是否新颖且有价值。用心理学家、创造力问题研究专家米哈里·契克森米哈赖（Mihaly Csikszentmihalyi）的话来说："除非存在某种参考标准，否则人们无法判断一个想法是否新颖。同样，除非这个想法通过了社会的评估，否则我们无法判断它是否有价值。"基于这样的理论，如果一个产品从不曾问世，从未被使用和评估，人们也同样无法判断它是否具有创新性。

第二节 不同领域的多元思考力

当我们说脑科学研究项目位于数学、医学、计算机科学、神经科学的交叉点上时，我们真正想说的是：项目研究人员把这些领域联系在一起，并由此产生新的思路。个人、团队或组织要想踏入交叉点，就必须把不同领域的概念相结合。交叉点是彼得咖啡馆的化身。在那里，不同的想法相互碰撞，在彼此的基础上形成新的想法。

本书中提到的"领域"，指的是某种学科或文化，以及任何一种通过教育、工作、兴趣、传统习俗或其他生活经验获得的专长。它可以是推理小说写作、绘画、中国商务礼仪、分子生物、企业软件应用等。它们的组合方式千奇百怪：垂钓、有线电视、拉美裔美国人文化、等量分析、物件导向程式编程、诗歌、编织、电影编辑，所有你能想到的抑或想象不到的，都可以包含在内。这些领域还可划分出更小的子集来。比如，烹饪是一个领域，而它还可以划分为瑞典菜和泰国菜。所以要想精通某个领域，人们可能得耗费毕生心血苦心钻研。

领域由不同的概念组成。比如，“换轮胎”是一个概念，而“轮胎”本身也是个概念。这两个概念同属于“机械学”这一领域。如果想更好地理解某个领域，人们就得了解这个领域中的概念。对某个领域中的概念掌握得越多，人们对这个领域的专业知识也就了解得越多。

“领域”与“领域的交叉点”的关键性区别在于：概念是怎样联系起来的。如果你仅仅涉足一个领域，那么你基本上只能把这个特定领域中的概念结合起来，形成沿着特定方向延伸的想法。我把这种想法称作“单向思维”（directional ideas）。如果你走进交叉点，你便有机会把不同领域的概念连接在一起，形成向多个方向延伸的新思路，这就是我要说的“多元化思考”（intersectional ideas）。这两种思维天差地别。

第三节　多元思考力让你事半功倍

理查德·道金斯（Richard Dawkins）是进化生物学领域的佼佼者。他于 1976 年出版的著作《自私的基因》（*The Selfish Gene*）把进化论向前推进了一大步。道金斯提出，进化并非产生于物种或生物体之间，而是产生于基因，并且这些基因是“自私”的。这一理论为生物进化学做出了极大贡献，也为道金斯获得了无数美誉。

令人诧异的是，道金斯对社会影响最大且争议最多的理论并非前文提到的基因理论，而是书中某个看似偏离文章中心内容的一个十分另类的观点。在这个章节中，道金斯把基因进化与文化进化两个领域联系在一起，并明确指出了二者之间的联系。道金斯提出，“观念”是构成我们文化的基础，它们就像基因一样，不断进化与衍生。道金斯把这些文化基础称为“迷因”（memes）。他是这样写的：

“迷因的例子可以是曲调、观点、流行语、时尚服装、时兴的陶器与建筑，等等。基因通过精子与卵子的结合从一个身体跳进另一个身体，从而使自己获得繁衍。迷因也是如此。迷因从一个大脑跳进另一个大脑，使自身获得传播。广义而言，这种行为也可称为‘模仿’。”

我认识的大多数人读到这个章节时都获得了极大的启发与震撼。这是多么了不起的想法！很多迷因是存在于我们的思想空间的。有些迷因得以延续，有一些迷因归于灭绝。这一过程与基因进化何其相似！这种想法不仅仅在直觉上合理，还显得十分“酷”。道金斯的第一种观点，即“基因是自私的”源自单向思维；他的第二种观点，即“迷因理论”则产生于多元化思考。第一种观点是把现有的领域朝着特定的方向推进，第二种观点则是凭空冒出来的，最终形成了一个新的领域——迷因学。

“迷因”这一概念被迅速传播。市场专家、社会学家、历史学家纷纷用这个概念解释、预测文化现象，甚至对文化施加影响。例如，在畅销书《引爆点》（*The Tipping Point*）中，马尔科姆·格拉德威尔（Malcolm Gladwell）详细分析了暇步士（Hush Puppy）怎样在短短几年间内从无人问津的小鞋店，变成时尚服饰品牌。这个案例正是迷因的完美印证。时至今日，许多市场营销策略依然基于这个观念，即思想与流行的存在方式就像病毒一样，只不过它是通过人类思想的交流进行传播的。这些营销策略都源自道金斯20世纪70年代中期的多元化思考。多元化思考与迷因一样，往往比单向思维更有力量，且传播得更快。然而需要指出的是，若想保持成功，这两种思维均不可偏废。这又是为什么呢?

第四节　两种思维类型：固定型直线思维与成长型交叉思维

单向思维与多元化思考的一大区别在于，我们很清楚前者最终会朝着哪个方向发展。单向思维有着某个明确的方向。单向性创新能够通过一系列可预测和计划好的步骤，逐步推进事物发展。这样的例子比比皆是，因为单向性创新是我们实现大多数创新的方法。比如，一家公司可以通过对现有的技术与程序进行改良，从而提高效率；一位科学家把小数点后面第五位的数字精确到第六位，便可以解释某个特殊的现象；在设计市政工程时，规划者们借鉴其他工程的经验，就能得到一个改良的方案。单向性创新的目标是对现有想法进行精炼与调整，使其得到进化。这种做法的益处显而易见，它可以对目标加以合理控制，并且在相对短的时间内取得成效。

从古至今，企业与个人都选择通过精进职业技能和增加专业分工来践行单向思维。如果不想白白失去思想中的价值，这样做是十分有必要的。哪怕是交叉性思维，产生之初也是围绕着某个特定的方向发展进化的。比如，畅销书作家史蒂芬·柯维（Stephen Covey）的大热作品《高效能人士的七个习惯》

（*The Seven Habits of Highly Effective People*）出版后，柯维若是再写一本《高效能家庭的七个习惯》（*The Seven Habits of Highly Effective Families*），那么他很有可能无法介绍一种截然不同的想法，而仅仅是对原有想法进行梳理。与这种情况本质相同的例子，还有各家公司改进他们的产品以适应新的市场，研究人员在传统领域中深入研究并获得新的见解，等等。

那么，多元化思考又是什么样子？它们不断地朝不同方向跳跃，以这样的方式改变世界。多元化思考常常为一个新领域的出现铺平道路，也为率先闯进该领域的人们提供成为领导者的机会。交叉性创新对专业知识的要求不像单向创新那么高，任何一个看似不起眼的人都可能完成。交叉性创新所带来的改变是开天辟地的，但它的规模可大可小；它们可以体现在大型百货公司的设计里，也能体现在中篇小说的主题设定中；它可能是某种特殊技术，也可能是跨国公司的新产品开发过程。总之，交叉创新具有以下共同特征：

（1）出人意料，极富吸引力。

（2）想法在各个新方向上跳跃。

（3）开拓崭新的领域。

（4）为个人、团队和企业提供了独到的创意空间。

（5）率先进入新领域的人极有可能成为该领域的领导者。

（6）为数年乃至数十年内进行单向创新的其他人提供启发和灵感。

（7）能够以各种出人意料的方式影响和改变世界。

第五节　多元思考是快速解决问题的最佳选择

对大多数人而言，实现创新的最佳机会存在于交叉点。在交叉点上，人们不仅能发现非凡的思想组合，而且有机会发现更多这样的组合。踏进交叉点并非把两种不同的概念融合，然后生成新概念这么简单。这种组合意味着它们不仅是单向创新的一部分，也是交叉创新活动的一部分。交叉点代表的其实是一个区域，在这个区域中出现非凡思想组合的机会将会比别的区域多得多。

假设你是一位照顾瘫痪病人的医护人员。你要是想在自己的领域发明一种新疗法，就必须深入地了解这个领域。为了找到可行的新思路，你必须努力掌握这个领域中的大部分概念。当然这样还不够。既然人们可以清楚地预测到这个领域的发展，那你必然还会遇到来自各方的竞争。

再假设，你打算把自己多年的工作经验与神经科学有机地结合起来，以便开拓出新的创新领域。这时，你的眼前突然多出了许多有待探索的选择与想法。你也许并不了解神经科学的概念，却依然有可能把它们和现有的医疗方案相结合，进而产生突破性的交叉治疗法。踏上交叉点，你能摆脱思维的羁绊。新颖、有创意的思想会像火山爆发一样喷涌而出。

文艺复兴时期的佛罗伦萨涌现出许多非凡的思想，向后人揭示了很多重要的启示。如果我们能够到达学科和文化的交叉点，身边便会涌出许多不一般的想法，因此更有机会实现创新。在下一章里，我们将要说明，对于交叉创新的实现，人类历史上从未有过比今天更好的时候。

第二章 看似彼此毫不相干的事物，实际是没有参透事物之间的逻辑联系

大脑研究小组与猕猴的故事是属于我们这个时代的故事。它为我们展示了一个联系日益紧密的世界。在这里，各种概念看似毫不相干，实际上却相互关联。这完美地反映了交叉点的存在。这样的故事本不该让我们惊讶。未来，我们还将看到更多类似的故事，源源不断，随处可见。

这绝不是我们第一次看见多领域的交叉汇集与融合。列奥纳多·达·芬奇（Leonardo da Vinci）是文艺复兴时代伟大的舵手。艺术家、科学家、商人们纷纷拥向门类庞杂的交叉点，萌生出无数与艺术、文化、科学相关的非凡创意，也因此创造了欧洲历史上最富有创造力的时代。然而在接下来的几个世纪当中，我们见证了专业知识的不断细化。人类把世界划分成越来越小、越来越专业的板块，学科因此四分五裂。然而到了今天，这种学科分离的现象正在发生逆转。《纽约时报》外交事务专栏作家汤姆·弗里德曼（Tom Friedman）在其著作《凌志与橄榄树》（*The Lexus and the Olive Tree*）中谈到了当今世界日益常见的

联结现象。他是这样说的："今天，政治学、文化、技术、金融、国防以及生态学之间的传统界限比任何时候都要更加模糊。"

推动交叉点兴起的力量共有三种。此时此刻，也许是历史上的第一次，这三股力量拧在一起，共同发挥着作用。它们不仅仅是交叉创新产生的原因，还解释了为什么我们今后将遇见更多的交叉创新。

第 1 种力量：人口流动

塞阔亚（Sequoyah）是来自切罗基部落的白人——印第安人混血儿。1809 年，他学会了在自己制作的银器上签名，这也是他第一次认识到文字的重要性。克里克战争期间（Creek War）[①]，塞阔亚在美军服役。他看到美军士兵撰写书信，阅读指令，记录战争中的重大事件。这让塞阔亚收获良多，他意识到文字将会给他的族人带来怎样的惊人好处。塞阔亚的母亲来自"涂料"（Paint）部族，他的父亲是弗吉尼亚州的一个皮货商。接下来的 12 年里，塞阔亚倾尽全力，埋头创造了切罗基族的书面语言。他创制了一张由 85 个字符组成的音节表，囊

---

① 这场战争发生在 1813 年至 1814 年，也被称为"红棍战争"和"克里克内战"，是北美印第安战争中的一场战斗。

括了切罗基语言中的每一个音节。这张音节表简单易学，短短数周内，已有几千切罗基人学会了阅读。这也让切罗基部族第一次拥有了创办美洲土著人自己的报纸的能力，《切罗基凤凰报》（*Cherokee Phoenix*）由此诞生。塞阔亚是有史以来已知的，唯一凭着一己之力创造文字的人。时至今日，他依然是人们心中公认的天才。

接触了全新的文化后，塞阔亚萌生出创造文字的念头，这是寻找交叉点的方法之一（我们将在下一章中进一步讨论这个问题），这个例子本身也是全球化力量的体现。这股力量以人类在不同文化、不同国度之间的流动为特征。它正在找回其在过去百余年间失去的动力。

出于某些原因，人员流动成了世界各地的普遍现象。首先，民主与资本主义的传播降低了贸易门槛，打开了国与国的边界。在世界上的大多数国家，为外国人准备教育和工作的机会越来越多。此外，难民和寻求政治避难者的人数正与日俱增。某些其他因素甚至表明，人员流动的规模正在增大。现实中，所有工业化国家都面临着人口短缺的问题，严重威胁到这些国家的社会保障体系。除此之外，许多工业化国家还面临着人口老龄化及人口出生率下降等问题。唯有通过增加移民数量才能缓解这一系列的压力。近年来，人口流动的频率出现了大幅增加，这一点只要查一下各国人口普查卷宗就很清楚了。

管理的大师彼得·德鲁克（Peter Drucker）曾这样说过，“19世纪大规模人口迁徙多发生在国家内部区域之间，人们要么搬去尚未开发的空旷土地（美国、加拿大、澳大利亚、巴西均存在这种情况），要么从农场流向城市。今天的情况正好相反。21世纪的流动人口主要由外国人组成。无论是从他们的国籍、语言、文化还是宗教信仰来看，这些人都堪称外国移民。”不仅如此，他认为这种趋势几乎没有发生逆转的可能性。

这种力量必然导致文化交错现象的大量出现，催生出众多等待勇敢者前去探索的突破性想法。跨文化思维更容易被具有多样背景的受众接受，这一点在商业和艺术领域尤其明显。拉美裔歌手夏奇拉（Shakira）在美国发行的首张专辑《爱情洗礼》（*Laundry Service*）刚上市，便荣登流行排行榜榜首。哪怕在她的故乡哥伦比亚，夏奇拉的音乐都算得上独具风格。夏奇拉的父亲是黎巴嫩人，受此影响，夏奇拉把阿拉伯音乐和拉丁音乐结合在一起，“形成流行与摇滚的奇妙结合，令她的音乐风格有别于同时代其他所有的哥伦比亚歌手。”她努力打造这种新的音乐，《新闻周刊》（*Newsweek*）曾这样评价夏奇拉：

“年轻的明星们……比如夏奇拉这样的女摇滚歌手就将不同的流行元素，比如拉丁和盎格鲁混合在一起。‘我们都是融合的产物。’夏奇拉这样说，‘它决定了我们的身份，就好像我们把米饭、大豆和肉一股脑地塞进嘴里一样。’从夏奇拉的音乐中，人们可以感受到加拿大女摇滚歌手阿拉尼斯·莫利塞特（Alanis Morissette）、雷鬼乐以及墨西哥的马里亚契音乐的味道。”在电影、音乐、文学等艺术领域，这种混合与文化大融合的趋势一年比一年显著。商业领域也出现了同样的情况，创新在世界各地开出花朵。了解不同文化是如何结合在一起的，人们便可以更自如地在不同的文化间进行思想交流。

一天，当我走在纽约布鲁克林的第五大道上时，我看见一家名叫奇美拉（Kimera）的商店。奇美拉是古希腊神话中狮子、山羊、蛇组成的怪兽。这是一家风格独特的时装店，店里的一件衬衫看起来像是把日本女式和服与美国西部女衬衫两种风格巧妙地融合在一起，其他服装也都是这种集多种元素于一身的样子。店主人是一位女士，名叫伊冯娜·朱（Yvoone Chu）。伊冯娜在纽约长大，她的父母均是中国人。她告诉我，店中服装的灵感源于她的成长环境及环游世界的经历。伊冯娜的设计别具一格，具有典型的文化融合风格，深得顾客欣赏。“这件衬衫简直卖疯了。”她一边说，一边抽出一件蓝紫色衬衫。这件衬衫有着中式立领，腰部用金银线绣满刺绣，正面系带。

奇美拉正是这个时代的剪影。国与国之间的人口流动与文化交流达到了史无前例的高峰，从而创造出无数交叉点。

第 2 种力量：科学的融合

《史密森尼杂志》（*Smithsonian magazine*）[①] 上刊登的一篇故事引起了我的注意。生物技术人员从金丝蛛身上把掌握吐丝的基因提取出来，再与山羊的基因相结合。这样，山羊奶中便含有了蜘蛛网的物质成分。这种成分有着惊人的力量。研究人员用含吐丝基因的山羊产下的羊奶“纺织”出丝线。这听起来很像是天方夜谭，却真实地发生了。

重量相等的情况下，金丝蛛吐出的丝网强度是钢的五倍。特纳（Turner）（Jeffery 公司的 CEO）相信，人们总有一天能用这种蜘蛛丝制作各种物品，从安全气囊到钓鱼线，再到永不断裂的运动衣、角膜缝合线等。

这项发明是由尼克夏（Nexia）公司首创的。这家公司是加拿大生物科学领域内最大的上市公司。这篇报道不禁让我想起布朗大学的读心实验。无论是尼克夏公司的发明还是布朗大

---

① 隶属于美国史密森尼学会，该学会 1846 年成立。《史密森尼杂志》（*Smithsonian magazine*）是美国华盛顿特区的史密森尼学会官方发行刊物，于 1970 年出版第一期杂志。

学的读心实验，都完美地反映了科学界正在发生的变化，即原本毫无关联的学科正重新走到一起。

下面，我们来思考一下这个问题：人们究竟能够重复发现同一块大陆多少次？就美洲来说，据人类所知，这块大陆至少三次被代表不同文明的三种人群发现。大约两万年前，美洲土著人连续三次大规模越过连接欧亚大陆和美洲大陆的白令海峡；一千多年前，维京人从今天的冰岛经格陵兰岛到达现在的纽芬兰岛；最后，大约五百年前，克里斯托弗·哥伦布（Christopher Columbus）也完成了同样的壮举。可是这一次，哥伦布所到达的纬度偏南一些。到了今天，发现新大陆这种事已不再可能。传统地理学的重大发现几乎都已完成，而且记录在册。人体解剖学也是如此。那么在其他科学领域又是怎样的情况？

从一个领域到另一个领域，我们对世界的基本认识，哪怕不是百分之百准确，至少也是十分充分的。就拿化学来说吧，化学变化的种类多到令人咋舌，然而掌管变化的原则却十分有限。早在20世纪30年代，莱纳斯·鲍林（Linus Pauling）便对大多数原则进行了充分阐述。鲍林先生因为这一成就赢得了诺贝尔化学奖。此外，他还曾获得诺贝尔和平奖。生物学领域几乎每一次重大发现，包括DNA双螺旋分子结构的发现在内，均巩固并完善了达尔文的进化论，而非对其进行质疑。人类投入大量时间分割这个世界，试图理解每一个元素，在这个方面，我们确实干得不错。科学是起作用的，而且相当管用。然而，就像我们在发现新大陆或者在人体解剖方面取得进展的机会非常有限一样，我们只有一次发现进化论、超新星理论或者热力学的机会。

话虽如此，但这并不意味着科学已不再起作用。相反，无论从哪个方面来说，科学对人类的重要性都越来越大。等待着我们探索的问题比有史以来任何时候都多，但是现在的发现具有不同于以往的性质。它们不再简单地帮助我们理解组成世界的单独元素，而是帮助我们理解世界的各个部分怎样相互作用。比如，你会发现工程师与生物学家合作，共同研究使得贝壳坚固的原因，再把这种知识运用到坦克装甲车、汽车车身等众多产品中。你也有可能看到海洋地理学家、气象学家、地质学家、物理学家、化学家以及生物学家共同协作，调查全球气候变暖导致的后果。新发现以及改变世界的发现，将会来自各个学科的交叉点，而不是来自某个学科的内部。

科学家们越来越清楚地认识到这个潮流。我曾经和美国科学促进会的首席执行官亚伦·莱什纳讨论过这个问题。莱什纳先生在科学界有着不可小觑的影响力。美国科学促进会是全球最大的科学组织，全球各地每个月有上百万读者阅读他们出版的《科学》（*Science*）杂志。我与莱什纳探讨了“交叉点的兴起”这一现象，并向他请教了未来在众多学科之间产生重大科学发现的可能性。

“以学科为分类的科学已经死了，大势已去。”莱什纳不假思索地说。事实上，支撑这一理论的证据越来越多。“今天出现的大多数重大发现都涉及多个学科。只有一位作者署名的论文越来越少见，大部分论文均是由不同领域的多位作者合力完成的。”他这样解释道。这样的趋势在大学中也可以见到。大学生们选择的专业课名称出现了更多的组合。比如，我们现在的大学毕业生的专业有应用数学、生物化学、地质化学、经济心理学等。此外，大学当中的不同院系正逐步携手，共同探索环境、生物工程、可持续发展及神经科学等相关重大科学问题。

看到科学融合趋势的科学家们，越来越频繁地进行跨学科合作。发生在新墨西哥州圣菲研究所（The Santa Fe Institute，，SFI）的事情完美地印证了这一现象。圣菲研究所始建于 1984 年，由乔治·考恩（George Cowan）先生创立。考恩是一位从不拖泥带水的绅士。他说起话来虽然语速缓慢，但每一个句子都清晰明了，饱含智慧。无论是讨论艺术、商业还是政策，考恩的见解都能让人感觉到他的信仰，即科学和数学同宇宙万物都有联系。这便是圣菲研究所的由来，建立这所研究所的目的就是为了发现这些联系。

考恩深信交叉点的力量，这也许是因为他曾数次见证这种力量。考恩曾在曼哈顿计划[①]中担任管理人员，与来自各个学科的世界顶尖科学家共事。从那时候起，他一直在洛斯阿拉莫斯国家实验室（Los Alamos National Laboratory）[②]担任负责研究工作的副主任一职。与此同时，他还管理着一家银行。在担任白宫科学顾问期间，考恩萌发了创立圣菲研究所的念头。然而当考恩真正开始行动时，他发现把科学家与政治家拉在一起，其实一点也不简单。考恩回忆道："我找到一个搞政治的人，问他是怎样理清这纷乱的交叉点，持续开展工作的。他告诉我，你首先得了解他们的计划。我又问他怎样才能做到这一点。他回答说，'噢，你得设法让科学家思考他们专业之外的问题。'"

那次谈话过后没多久，考恩便创立了圣菲研究所。正如研究所的章程中提到的："本研究所的成立是为了紧跟综合科学崛起之趋势，创造崭新的科学研究共同体。"圣菲研究所出色

---

① 美国陆军部于 1942 年 6 月开始实施利用核裂变反应研制原子弹的计划。

② 洛斯阿拉莫斯国家实验室是世界上最大的多功能实验室之一，于 1943 年开始秘密运转。当时第一个任务是曼哈顿计划。

地完成了这一使命。它推进的科研项目玄机莫测，有着无可限量的未来。

在这里，你可以看到生物学家、经济学家和股票市场分析人员在一起探讨有关市场行为的新理论。“从数学角度来看，用来解释金融政策发展演变的模型，与生物学家使用的模型是类似的。生物学家会用到相似的模型计算捕猎系统、竞争系统，以及共生系统中生物种群数量变化。”著名投资专家、美盛投资顾问公司副总经理、执行董事罗伯特·哈格斯特朗（Robert Hagstrom）如是说。亚微观现象是该研究所的另一个知名研究领域。研究人员试图通过了解创造世界的各种连接力量了解这个世界。他们发现，体细胞的构成方式、网页间的连接方式、人类社会的形成方式（比如著名的“六度分隔理论”）[①]，甚至恐怖分子之间的互动，都有着很大的共同点。

今天，圣菲研究所已成为一家独立的私人研究机构。它使得来自物理学、生物学、计算机科学，以及社会科学等领域的研究人员可以进行合作研究。它是这个时代的另一个象征。它的诞生说明了这样一个事实：科学的发展到达了一个转折点——“融合的时代已经来临”。

---

① 六度分隔理论认为世界上任何互不相识的两人，只需要很少的中间人就能够建立起联系。

第 3 种力量：计算机技术的飞跃

2001 年，传统二维动画制作领域的工匠们发现他们最害怕的噩梦成了真。这个噩梦来自一只名叫“史莱克”的绿色巨怪和一只名叫“萨利”的蓝色长毛怪。他们是两个由计算机制作出来的 3D 电影主角。这两部电影获得了潮水般的好评，并且在票房上碾压了同类电影。这两部电影的制作方——梦工厂和皮克斯动画工作室，把 3D 动画电影的发展推向了新的高度。史蒂夫·乔布斯（Steve Jobs）的皮克斯工作室起步之初只是一家小工坊，但是在制作了《玩具总动员》《昆虫总动员》等轰动一时的动画电影后，人们开始对它刮目相看。

《怪物史莱克》与《怪物公司》的成功，在传统手工动画制作人之间掀起了一场讨论。一切就这样结束了吗？那些天才的手工绘画家难道会像当年的录音带一样，难逃被淘汰的命运？有些人也许会认为这不可能。他们认为两部 3D 电影的成功，只是因为那一年电脑动画的故事编排得很好，角色更让人感兴趣，而同时期的传统电影在这两个方面表现稍显逊色。这样的说法当然不无道理。这两部电影不仅制作精良，而且幽默诙谐，老少皆宜。影片中的对白机智幽默，给观众带来的情感共鸣也恰到好处。卡通人物的眼部动作尤其传神。此外，故事情节本身也十分吸引人。也许使这两部动画电影脱颖而出的秘密不是计算机技术，而是故事本身。但如果说计算机造就了这两个故事，那人们会怎样想？让我们来听听乔布斯在皮克斯工作室1996年上市后的第一个年度财务报告里是怎么说的：

电脑动画制作这片新天地里，隐藏着实现创新的无数机会……而传统动画师们需要在绘画上耗费大量时间，因为每一部经典长度的动画片中都包含着超过10万幅画（24帧／秒 ×60秒 ×75分钟）。这么多图片都需要动画师亲自手绘。而皮克斯工作室的计算机动画中，所有的图片均由计算机绘制。区别于传统动画，这里有上百台高速运转的计算机，可以把动画师从绘画中解放出来。而动画师则可以把更多的精力花在动画表演上，努力让动画片中的人物看起来更加活灵活现。计算机动画的发展，使得皮克斯工作室可以雇用一些绘画能力一般，却精于表演的员工。我们的动画师甚至要参加表演培训。

等会儿！皮克斯工作室的动画师居然要参加表演培训？这也是计算机带来的改变吗？人们很快意识到，计算机不过是参与了讲故事的部分过程。计算机技术的飞跃不仅让皮克斯工作室的工作人员制作出了3D动画，还让他们能把更多的精力投入故事本身以及叙述故事的方法中。3D动画的效果使得那些在2D动画中无法呈现的情绪得以展现。史莱克不仅能做表情，他的表情还能传递出情绪。银幕上的史莱克不再是单薄的二维人物，他的身躯显得笨拙而沉重。计算机绘图使得皮克斯设计出比手绘动画复杂得多的电影，这也改变了他们的做事方式。皮克斯把电脑动画与传统电影制作技术融合在一起。短短2年，传统的2D动画工作室纷纷被淘汰。

这一切改变都基于一项重要的发明——电脑芯片。它可谓是过去60年间最伟大的发明。要是没有它的诞生，这一切都不会发生。计算机的能力每隔18个月就能增长一倍，这种趋势还在持续，所以计算机能力的指数级增长将会创造更多的交叉点。首先，计算机能力的发展不仅能帮助我们在更短的时间内完成同样的工作（这将促进单向性创新的发展），还能帮助我们做不同的事情，帮助在传统意义上相互分离的领域中产生更多可能的交叉点。皮克斯之所以能够改变动画电影讲故事的方法，不得不归功于计算机技术的升级。

其次，计算机技术的提高也将带动通信技术的发展。芯片的产生为电子邮件、万维网、智能手机、卫星电话、电视机的出现铺平了道路。我们的世界变得越来越小。这意味着曾经处于分离状态的个人、团体以及组织，如今能够轻易地走到一起，在不同的人文背景与专业技术知识当中发现交叉点。这不仅可以为小微企业、初创公司提供机会，也能让根基牢固的大公司获益。接下来，我要向大家分享嘉吉风险管理公司（Cargill' s Risk management Group）市场营销经理马克·崔西（Mark Tracy）的故事。

嘉吉风险管理公司是美国历史最悠久的老牌企业之一，主要从事世界各地的农产品交易。它的业务遍布全球，规模超过了宝洁公司和时代华纳在线公司。当你想到“创新”这个概念时，首先闯入你脑海中的也许不会是这家公司。然而，嘉吉风险管理公司的首席执行官沃伦·斯特利（Warren Staley）是这样说的：“私有制的经营模式是我们的一大优势。我们的股东都明白农业的收成有好有坏，风险系数非常大。”马克·崔西只能眼睁睁地看着他们接受这种风险。

入职嘉吉风险管理公司，担任谷物贸易商的时候，崔西连大豆长什么样都不知道，对它的价格更是一无所知。他被推到这个位置，不得不在极短的时间内学会一切相关知识。“突然间，连 80 来岁的老农民也跑来向我打听市场行情。”崔西回忆了当时在田间地头和谷仓旁边与人们没完没了谈话时的场景。这就是崔西学习农业知识的方式，也是他给那些忧心忡忡的农夫留下的印象。

数年后，崔西转入公司的风险管理小组。小组规模不大，由大卫·迪尼斯（David Dines）领导。这是一个完全不同的领域，小组成员多是退休的银行家，他们的工作主要是为《财富》500 强中的粮食企业提供复杂的金融衍生产品定制服务。这些公司每个月都要买进价值数百万美元的农产品现货，因此，必须要采取一定的措施应对潜在的价格变动，以保护自己的利益。风险管理小组的任务就是替这些公司控制风险。然而，崔西意识到，与大企业相同，农民们也面临着价格变动的风险。一旦他们找到买家，就必须把手上的产品卖出去。“这年头，好农民不仅要会种地，还要精通气象、经济、环保等各种与农业不相干的知识。对了，他们还得是个贸易专家。”崔西说。这种情况为崔西提供了一个绝佳的机会。他把过去做谷物生意的经验与风险管理小组在金融衍生工具方面的专业知识结合起来，很好地满足了农户的需求。

然而，要想把多元化思考付诸实践绝非易事。与大型企业相比，农民们只能形成一些零散的组织，而且他们对金融衍生工具几乎一无所知。崔西需要找到每一位农场主，并且要用通俗的话语帮助他们尽快理解金融衍生产品方案。尽管潜在市场的前景广阔，但这可不是一项轻松的任务。然而互联网解决了这些问题。挨家挨户地拜访每一位农户，从经济角度来看是不现实的，但互联网的出现使得风险管理小组能以小得多的代价帮助农民完成风险市场化、风险预测和风险规避的一系列工作。

这是两个不同的世界：一方面是新型的综合金融衍生产品定制服务，另一方面则是古老的农副产品交易，二者正好在交叉点上连接起来。由于计算机技术的发展，嘉吉风险管理公司能够以“天”为单位，在全球范围内把多元化思考的成果转化为现实。

采取下个步骤

人员流动、科学融合、计算机技术发展这三股力量，使得交叉点的数量达到了有史以来的最高峰。我们生活在这样一个年代：哥伦比亚艺术家能把中东音乐和美国音乐结合在一起；山羊奶、蜘蛛、鱼线当中也存在着联系；在交叉学科团队的努力下，人们可以解读猴子的大脑。

当然，并不是每个人都想要创新。即便有这样的想法，我们很可能只能守在一个固定的领域。但是我们必须要明白，这三种力量的影响力无处不在。在你的一生中，你对于某个领域的了解非常有可能与其他领域相交。一旦某些人或者组织发现了多元化思考，便有可能从根本上改变这个世界。是的，我们生活在一个纵横交错的世界，但总有人能从中找到交叉点。

这个人很有可能就是你。

第三部分

能力升级——成为思维高手和掌握命运的少数人

第三章　思维高手都具备的底层逻辑能力

1995 年 1 月初的一天，瑞典餐馆阿夸维特 (Aquavit) 餐厅的行政主厨简・桑代尔（Jan Sandel）因心脏病突发猝死。餐厅老板哈肯・斯万（Håkan Swahn）不得不开始寻找能够接手桑代尔工作的人。他想要找到一位能长期胜任此职位的员工。挑选的同时，斯万让餐厅刚请来不久的员工马库斯・萨缪尔逊（Marcus Samuelsson）临时顶班。斯万有些犹豫，毕竟萨缪尔逊还太年轻。“我们的机构复杂而庞大，而且一直都保持着良好的声誉。谁会这么轻易地把这一切交到一个 24 岁的毛头小子手上？”斯万说。然而事实证明，把这个职位交给萨缪尔逊是斯万做的最正确的决定。

阿夸维特餐厅当时已经是曼哈顿颇有名气的餐馆，还曾获得《纽约时报》一星好评。然而，萨缪尔逊接手厨房仅仅几个星期后，便发生了一些让人意想不到的事情：产自世界不同地方的烹饪原料被巧妙地搭配在一起，一个个全新的菜名出现在菜单上。这些新名词初次听来还挺奇怪，如“牡蛎配杧果咖喱冰沙”。它们不仅颠覆了所有人的想象力，而且味道绝佳。客人们以前从未尝到过这样新奇的美味。

仅仅 3 个月后，《纽约时报》记者露西·雷西尔（Ruth Reichl）便给阿夸维特餐厅打出了一个罕见的三星，并盛赞了餐厅的美味菜肴和创新精神。马库斯·萨缪尔逊是获此殊荣的主厨中最年轻的一位。“萨缪尔逊先生的作品色香味俱佳。”雷西尔这样写道。自那时起，萨缪尔逊一举成为全美知名大厨。一些杂志，如《佳肴》（*Gourmet*）、《美食与美酒》（*Food & Wine*）、《福布斯》（*Forbes*）、《齿轮》（*Gear*）对他进行了专题报道。他的故事甚至还上了电视。一些电视栏目对他进行了采访，甚至包括探索频道（Discovery Channel）和有线电视新闻网（CNN）。

他的烹饪书被选为“北美最受欢迎的烹饪书籍”。詹姆斯·比尔德烹饪基金会（James Beard Foundation）授予他“纽约城最佳主厨”的称号。不仅如此，他还入选了瑞士达沃斯世界经济论坛的“谁是明日全球领导者？”名单。阿夸维特的老板遇到著名餐厅指南《查格评鉴》的老板汤姆·查格后，查格风趣地调侃道：“你的饭店怎么变成样板间了？”

那么，究竟是什么成就了马库斯·萨缪尔逊的非凡荣耀？他是怎样实现创新的？说到萨缪尔逊，人们首先想到的可能是，这是个很有魅力、年轻有活力的人。勤奋努力是他成功的秘密。

他讲话时意志坚定，充满了气势。他喜欢快步走到他认识的客人面前，与他们打招呼。而且萨缪尔逊几乎能记住他见过的每一位客人，在记忆姓名和面孔方面，他似乎有着独特的天赋。“来见见雷妮（Renne）吧。”他微笑着说，“她是瑞典—美国商会的主席。你们要不要聊两句？”亲和力、精力、敬业精神——这些品质无疑会帮助任何人成功。然而，单凭这些还无法解释萨缪尔逊的成功。想要解开这个秘密，就必须从他的烹饪创造谈起。

萨缪尔逊烹制的菜肴显然有独到之处。菜谱上说它们是瑞典菜，你只要看上一眼就知道它们的确是瑞典菜。鲱鱼、越橘、鲑鱼，这些无疑是瑞典菜常用的原料。然而，阿夸维特的这些原料组合方式，是你在任何一家瑞典餐馆都不曾见过的，至少在萨缪尔逊使用它们之前没有。不信就瞧瞧下面的菜单吧！

焦糖龙虾：

佐海藻面条、海胆香肠、花椰菜酱

鲑鱼冷盘：

印度烤鸡味烟熏鲑鱼，咖啡芥末酱、莳萝气泡酱

巧克力甘纳许：

彩椒与树莓沙冰、柠檬草酸奶酪

龙虾是瑞典菜中常见的原料，但海藻面条不是；树莓沙冰

是瑞典菜，但柠檬草酸奶酪……大多数瑞典人当时压根就没听说过柠檬草，更不用说尝过以它为原料制成的酸奶酪。从这些食谱中，我们可以看到萨缪尔逊的部分成功秘诀。把印度烤鸡的调料和熏鲑鱼搭配在一起听上去似乎有悖常识，但它的味道却出奇地好。敢于尝试的勇气是萨缪尔逊的过人之处。不可思议的组合充满了创新，让人感到愉快而享受。把海胆泡泡糖放入荨麻汤会产生怎样奇妙的组合？把青苹果冰沙、白巧克力慕斯、生茴香奶油混合在一起又会怎样？利用瑞典烹饪中的海鲜、新鲜蔬菜、野味及各种保鲜技术等，马库斯·萨缪尔逊把世界各地的饮食风味联系在一起。来到阿夸维特的客人仿佛是进入了“饮食世界”，开始了一场“口感冒险”。

马库斯·萨缪尔逊之所以能做到这一切，是因为他打破了传统烹饪方法的种种限制。他有一种不可思议的能力，能够从世界各地几乎任何一种烹饪方法中产生联想，然后再根据瑞典菜的原料与烹饪技术，把它们结合在一起。这种能力把马库斯·萨缪尔逊置于瑞典传统风味与世界各地风味美食的交叉点上。让人困惑的秘密现在看来其实非常简单。马库斯·萨缪尔逊的创造才能在于他能够创造独特的食物组合，让世人的胃口产生惊奇且奇妙的感觉。他创造的菜肴大胆、独特，同时味道极佳。有了这样的才能，马库斯·萨缪尔逊和阿夸维特怎么可能不成功?

话虽如此，但是偌大的纽约城内坐落着成千上万家餐厅，其中不乏见多识广、广尝天下美味的杰出主厨。可是挑剔的美食家与普通食客为何会对这样一位年轻的厨师青睐有加？他是怎样从“瑞典菜”和“欧洲菜”的标签中跳出来的？他又为什么能够把概念、想法、原料及风味自由地结合起来?

答案在于马库斯·萨缪尔逊联想的壁垒比较低。他可以把不同领域的概念轻松地联系在一起。具体说来，他能够把瑞典饮食与世界其他地区的饮食巧妙地结合在一起。我们每个人都可以像萨缪尔逊一样打破联想壁垒。事实上，如果我们想要找到交叉点，就必须这样做。

第一节　什么是联想壁垒

请您想象一下以下情形：苏珊是个 22 岁的单身女性，心直口快，冰雪聪明。她主修生物学，辅修公共政策。身为一名大学生，她非常关注可持续发展、全球气候变暖以及过度捕捞问题。与此同时，她还是个政治活跃分子。那么下面的判断中，您认为哪一项有可能是正确的?

A：苏珊是一位办公室经理。

B：苏珊是一位热衷于环保运动的办公室经理。

如果你的答案是B，那么你的同盟不在少数。大多数人都会选择B。但事实上，A才是正确答案。如果你没弄明白，那就设想一下另一种情况。你觉得哪种描述更有可能是正确的？

A：苹果是绿色的。

B：苹果是绿色的，而且价格昂贵。

这一题的答案显而易见。第一种情况出现的可能性当然大于第二种情况。这两个问题很相似，只是表达方式不同。可是为什么我们总是在回答第一个问题的时候犯错误，回答第二个问题时却不会？这两种情况的关键区别在于：在回答第一个问题时，我们的大脑会迅速地产生一系列联想。我们会想到诸如“可持续发展”“全球变暖”“过度捕捞”的关键词，而它们都与环境问题有关联。在大多数情况下，人们会根据这一系列联想，推测苏珊平日里积极参加环境保护运动。因此，我们更加可能对苏珊是什么样的人做出假设，而不去思考更多的可能性。这种联系是自发产生的，而且是下意识的。这种心理活动十分微妙，但是相当有惯性。

心理学家对这一现象有一套解释。他们认为人的大脑是由一条联想链条组成的。仅仅听得一词，见到一物，便会牵动整个思维联想的链条，而这个链条是环环相扣的。这些思维链条往往会集中在同我们自身经验有关的领域。当一位厨师在鱼市看见一条鳕鱼，她可能会立马想到某个特定的食谱，而这又将进一步激发她的思维，让她想到晚餐的菜谱要包括哪些菜肴。然而，若是换成某个钓鱼杂志的撰稿人，他想到的东西也许不一样。他可能会想到上一次钓鱼之旅，并立刻想起他曾经使用过的渔具，由此想到他应该以此为主题写一篇文章。他们二人想到的东西之所以不同，是因为人脑往往会沿着一条最简单的路径产生联想，即根据过去产生联想。那位厨师或许对垂钓运动有所了解，甚至也钓过几次鱼，但她的大脑受思维定式所控，不由自主地把她领向她接触得最多的领域，烹饪领域。联想的链条是十分有用的：它帮助人们迅速地从分析问题过渡到采取行动。话虽如此，它们也有可怕的弊病。它们约束了我们的横向思维能力。我们不再下意识地对假设进行质疑，而是迅速地跳到结论上，然后又针对某个特定的情况设置人为障碍。

研究人员一直怀疑这种联想壁垒是否阻碍了创造力的发展。他们做了许多实验，测试活跃度高的壁垒与活跃度低的壁垒间的区别。创造力问题的先驱 J.P. 吉尔福德（J.P.Guilford）先生归纳出了第一个结论。他提出，创造性的思维活动之所以容易产生特殊的联想，是因为他们采取了所谓的“发散性思维”。

让我们看看下面这个练习：当你读到“脚”这个单词时，你会想到什么？我们得到最普遍的答案是“鞋”，其次是“手”“脚趾”“腿”。超过800位受访者中，86%的人都回答了其中一个词。仅有一名受访者回答了以下这些词语：老鼠、雪、物理学、帽子。还有一个例子，当你读到“命令”这个单词时，会想到什么？最常见的答案是“指令”，紧随其后的是“军队”“服从”和“长官”。这几个答案会占全部回答的71%。仅有一名受访者回答以下词语：警察、顺从、战争、帽子。吉尔福德由此得出结论，看到“脚”这个单词时，联想壁垒较低的人思维更开阔，更有可能产生不寻常的想法。大多数人的联想链条都存在于特定的领域之内，是可预测的。然而对于联想壁垒较低的人来说，他们的联想链条是沿着一条不规则的路径发展的。对于这种思维类型的人来说，“脚”与“命令”甚至可以联系起来。请注意，在两种想象练习中，“帽子”这个词均有出现。联想壁垒较高的人更有可能产生最普通的反应，而且如果不经特别提示，始终都看不出这两个词之间存在着何种联系。

由此可以看出，马库斯·萨缪尔逊的思维联想壁垒是比较低的。他常常能在“瑞典菜”这个领域之外产生非同凡响的联想。想到“土豆”时，萨缪尔逊的联想超越了大多数瑞典厨师，甚至欧洲厨师。我说“意大利松子青酱”，他想到的不是香料“罗勒”，而是“莳萝”。我说“泥炉烹调法”，他首先想到的不是传统印度菜中的烤鸡，而是烤瑞典烟熏鲑鱼。他可以没完没了地想出各种新奇点子。

“越橘呢？”我问。

“甜辣酱。”他这样回答。

“凯撒沙拉呢？”我又问。

“凯撒沙拉汤。”他不假思索地告诉我。

看懂我的意思了吗？萨缪尔逊在让人们感到遥远陌生、意想不到的烹饪王国中寻找可能存在联系的概念，然后再设法把它们统一起来。也就是说，他极力要打破存在于各种烹饪方法之间的联想壁垒。正因为如此，他可以想得更远，就像数学中的指数增长一样。

第二节 打破固化的思维壁垒，建立新的思维联系

寻找交叉点时，较低的联想壁垒是有好处的。然而，把人类自然形成的认知壁垒保留在原有的位置上也同样益处良多。我们的大脑之所以这样进化，是有其原因的。它喜欢在事物之间寻找规律，把不同的概念组织起来，并在这些概念当中寻找特定的结构。遇到问题时，联想壁垒较高的人往往能迅速得出

结论，因为他们的思维更加集中。他们会回忆自己过去是怎样处理同类问题的，或者借鉴其他人的经验。

相反，联想壁垒较低的人，也许会无法参考以往经验或依据，或者难以通过逻辑推理把想法和概念联系在一起。因此，他们的想法常常会遭遇各种阻力以及他人冷淡的回应。反对者们会说："如果这真是个好主意，那么别人早就会想到它。"然而，这恰恰是别人想不到的，因为不是每个人都能看见两种概念中的联系。我们不妨将联想壁垒较高的人与联想壁垒较低的人进行对比。面临同一个机遇时，这两种人采取的思维方式截然不同。下面，就让我们看看查尔斯·达尔文（Charles Darwin）和约翰·古尔德（John Gould）的故事。

达尔文搭乘贝格尔号（HMS Beagle）结束为期五年的环球航行时，他从加拉帕戈斯群岛（the Galapagos Islands）收集了大量鸟类标本。尽管达尔文总是把笔记做得十分完善，但他这一次对于鸟类的记录却十分有限。好在他此行最初的目的是进行地质研究，而不是鸟类研究。一回到伦敦，达尔文便把他收集到的少得可怜的鸟类标本送到当时最负盛名的动物学家约翰·古尔德那里。达尔文对他说，这批标本包含各种混杂的鸟类，有雀鸟、鹪鹩、画眉，而且这批标本对他而言并不重要。

六天后，达尔文收到了古尔德的回复。让达尔文感到惊讶的是，根据古尔德的说法，那些标本其实都来自一个种类。古尔德告诉达尔文："它们同属于雀鸟中最大的一个类别，在体型和羽毛方面都有联系。这里一共包含 13 个亚种……"这一点让达尔文感到困惑。这些雀鸟的喙都不一样，而且有些适合击碎坚果，有的适合啄食昆虫。更加巧合的是，这些亚种的数量刚好与加拉帕戈斯群岛的主要岛屿数量相吻合，均是 13 个。没过多久，古尔德又给达尔文带来惊喜。达尔文在岛上还收集到一些其他鸟类样本，并初步认定它们属于同一个亚种。然而古尔德告诉达尔文，情况正好相反，这些标本里的每一只鸟都属于不同的亚种，而且来自不同岛屿。这便是古尔德得出的全部结论。

古尔德显然是一位杰出的动物分类学家，但达尔文提出了一个激进的想法：假设这些鸟被隔离在不同的岛屿中，属于同一个亚种的鸟有没有可能分化成两种，甚至更多种类？这个想法最终成为进化论的基础，进化论也被许多人看作是人类有史以来最重要的科学革命。

这个故事值得思考的地方不是达尔文的远见与成就，而是约翰·古尔德的局限。古尔德具备丰富的专业知识，是他所从事领域的权威，而且已经掌握了所有能够发现的信息。但是古尔德将他所观察到的事物进行联系时，全都遵从严格的分类原则。正因为如此，他才做不到达尔文所做的事。古尔德有着良好的洞察力，这使得他能够更好地理解关于雀鸟种类的知识。相较而言，达尔文的洞察能力在于，他首先解释了分类学存在的原因。他之所以能得到这样的领悟，是因为他能够突破联想的壁垒。在下一章中，我们将看到怎样才能实现这一点。

第三节　掌握大量的知识

有一天，我走在希思罗机场通向伦敦地铁的隧道里时，突然看到一则十分显眼的汇丰银行广告。那则广告瞬间吸引了我的眼球，因为它覆盖了从机场到地铁站沿途的整面墙壁。广告由几组画面构成，每组画面包含三幅图像。其中一组海报上画着三个一模一样的黄色正方形。第一个黄色方框上标有“美国”的字样，它的下面写着“怯弱”，这表示黄颜色在这个国家的文化中所代表的寓意；旁边的一个黄色方框中写着“马来西亚”，它下面的文字是“忠诚”；最后一个方框上写着“委内瑞拉”，下方文字是“幸运内裤”。再往前走一些，另一组海报上画着三只完全一致的蟋蟀：第一只蟋蟀上标注着“美国”，底下的文字是“害虫”；第二只蟋蟀标有“中国”字样，下方写着“宠物”；最后一只蟋蟀代表“泰国”，对应的词语是“美食”。

看到这里，人们不难理解广告设计者的用意。

汇丰银行，还有其背后的广告商，在沿途的墙壁上放置了至少十组图片。这家银行巧妙地向人们展示了它是一家全球性的机构，它对世界各地的风土人情与文化习俗了如指掌。而对于我们来说，这则广告背后还暗藏着一种启示，它也是帮助我们打破联想壁垒的关键。那就是：永远都存在看待事物的另一种方式。在研究世界文化的时候，这种感受尤为明显。

文化是通过规则与传统来界定的，它把特定的思维与行事方式强加给人们。有些文化高度开放，有些则相当保守；有些文化注重团队合作，有些强调个人能力的培养；有些文化崇尚精神性，有些推崇世俗观念。某些人类规范是否具有永恒的价值，人们可以永久地争论下去。但可以肯定的是，所有的人类社会规范都一度具有价值，否则它怎么会成为规范呢？这足以说明文化多元化为何能帮助人们打破联想壁垒。深入体验不同的文化背景，吸收各种文化中的经验，人们能够更容易地摆脱单一文化所强加的观点。

唐纳德·坎贝尔（Donald Campbell）是20世纪60年代顶尖的心理学家之一，他在创造力研究领域颇有造诣。坎贝尔曾得出这样的结论：“那些彻底摆脱文化传统束缚的人，或者曾深入接触两种或多种文化的人，似乎具有一种特别的优势。在作出判断之前，他们会考虑更多的可能性。这一优势帮助这些人在创新与创意活动方面获得成就。”这一观点并不代表那些曾经接触过多种文化的人能够不费吹灰之力地采取两种或多种思维方式。它要说明的是，具有这种类型特征的人在看待事物时不会拘泥于一种观点。对于这种类型的人来说，只要意识到解决问题的方法不止一个，他们便有可能采取多个视角看待任何问题。

文化多元并不仅仅意味着地理意义上相互独立的文化，它可能还包括不同种族、阶层、职业以及组织的文化。异于常人往往是开放的、发散的，甚至可以说是离经叛道的。这样的人更有可能对传统、规矩及边界提出质疑，然后，在其他人从未想过的地方寻找答案。有研究显示，熟练掌握多种语言的人所展示出的创造力比不具备这种能力的人更高。不同语言对概念的编码方式不尽相同。在创造过程中，将不同观点综合在一起，将会促成一系列联系。

对马库斯·萨缪尔逊而言，文化多样性是助其打破联想壁垒的关键。从一开始，萨缪尔逊就不像是个典型的瑞典人，他的成长经历也不同于绝大多数瑞典人。萨缪尔逊来自埃塞俄比亚，出生于这个国家的首都亚的斯亚贝巴。三岁那年，萨缪尔逊的父母因感染肺结核去世，他也因此成为孤儿。要不是因为一对来自瑞典森堡市的夫妇收养了他和妹妹，萨缪尔逊的人生也许不会是现在的样子。作为一名在瑞典长大的黑人，萨缪尔逊有一种天然优势，能够用区别于周边其他人的思维方式看待这个世界。“我从未把森堡市当作我长期生活并终老的地方。”萨缪尔逊说，“可是我的大多数朋友都打算一直待在那里。”

幸运的是，萨缪尔逊很小的时候就获得了周游世界的机会。他的养父是一位地质学家，经常带着孩子外出旅游。这些旅行让萨缪尔逊早早地接触到变化万千的烹饪世界。“当我还是个孩子的时候，我就尝过了波兰、德国、俄罗斯、南斯拉夫的菜肴。放假的时候，我们还能在法国、西班牙和其他各国大快朵颐。我很小的时候就尝试过各种‘稀奇古怪’的食物，但它们对于我来说都算不上奇怪。”

16 岁那年，萨缪尔逊就读于森堡市的烹饪学校。这也为他赢得了前往瑞士和澳大利亚的餐厅当学徒的机会。后来，他学会了法语、德语和英语。瑞典语对萨缪尔逊来说几乎没有了用武之地。在青年时代的所有经历中，对萨缪尔逊意义最重大的要属他曾在一艘环游世界的游轮上担任过一年的厨师。他本人对这段经历的叙述很好地展示了降低联想壁垒的方法：

我有机会搭乘游轮环游世界，在沿途港口制作并品尝当地美食。但在那时，我一直认为世界上最棒的美食在欧洲，或者说是在法国。然而，经过了那一段旅行让我明白，美食存在于世界各地。瑞典、法国和瑞士自然不用说，但泰国、日本、印度，以及非洲和南美洲也有独具风格的美食。那一年也许是我职业生涯中最重要的一年。第1天，我们从瑞典的厄勒海峡出发，3天后可能前往芬兰的赫尔辛基，再过6天到达荷兰的阿姆斯特丹，10天后抵达法国的波尔多，12天之后又来到摩洛哥。我们去北美，还有南美洲的巴西和中美洲的巴拿马运河，然后到旧金山，再到太平洋上的某个地方……我们不断寻找新的目的地。我就是在那一刻突然意识到，如果我把从欧洲学习到的烹饪知识与各地美味结合在一起——泰国、日本以及拉美——无论什么地方，那我一定能创造出一些新鲜的东西。

这段旅程即将结束时，萨缪尔逊意识到，是时候让他得天独厚的眼光和阅历得以施展了。他在为巴黎的一家三星级餐厅工作一年后，最终选择了纽约的阿夸维特餐厅。萨缪尔逊想要的工作环境是能让他专注于烹饪的工作环境。他不愿意再向餐厅老板和顾客们解释，哪怕他看起来不像欧洲人，也能做一手好的欧洲菜。阿夸维特餐厅的老板对萨缪尔逊十分开通。他也承认，他的大多数美国同行都会怀疑一个黑人男子是否能成为一家供应欧洲特色菜肴的高档餐厅主厨。这种对多元文化的开放态度，正是阿夸维特餐厅成功的关键。萨缪尔逊上任后做的第一件事就是将厨师人员进行重新编制。为了换取开放的态度，他甚至解雇了几个有资历的员工。今天，阿夸维特餐厅的后厨汇聚了形形色色的人。阿夸维特餐厅的一百余位员工来自40多个不同的国家。

一个人如果能在不同的文化背景中生活与工作，并且愿意花大量时间学会欣赏这些文化中的精华，那么他一定能轻易地打破联想壁垒，甚至从一开始就能避免产生壁垒。值得一提的是，马库斯·萨缪尔逊的个人背景与多元文化的要求几乎完全吻合。研究人员认为这种情况有助于开发个人异于常人的联想能力。多元化背景使萨缪尔逊能看见许多其他人忽略的东西。“大多数人都搞错了‘瑞典风味’的意思。”他说，“今天的瑞典是包容的、国际化的。今天的瑞典风味可以是由一个黑人小伙卷起寿司，端给一对来自韩国的情侣。”

这有什么好奇怪的？

第四节　适应不同的学习方法，培养终身学习的习惯

保罗·梅迪尔（Paul Maeder）是高地资本（Highland Capital）公司的创始人。这是一家关注度颇高的风投公司。经过数年的努力，保罗·梅迪尔通过风险资本运作的方式，让许

多小公司摇身变为实力雄厚的大企业。梅迪尔受过良好的教育。他获得了普林斯顿大学的学士学位，斯坦福大学的机械工程硕士文凭，此外，还拥有哈佛商学院的工商管理硕士文凭。坐拥如此多的文凭，人们可能会理所当然地认为梅迪尔十分看重教育。然而我和他才聊了几句，他便开始向我细数那些没有接受过正规教育却极具创新能力的个人与组织。“就拿斯坦·拉皮德斯（Stan Lapidus）来说吧。”梅迪尔谈到了这个例子，“这个家伙没有临床医学学位也没有博士文凭，却想出了一套了不起的方法，通过分析粪便样本搞清楚结肠癌的病理。只要把粪便样本放进搅拌器中搅拌，拉皮德斯就能立刻发现癌变的征兆，而且几乎不会误判。这真是个了不起的发现。可是话说回来，他为什么能得出这样的发现？就因为他不是个医生！”

当然，梅迪尔并没有说教育是一件坏事。如果他真的这样认为，那也太自相矛盾了。不过梅迪尔看到，教育也许会或多或少地限制创造力。这又是为什么呢？在学校老师那里，在企业文化中，教育往往会集中于某些公认的“有效”领域上。如果想要成为一名杰出的医生，就必须掌握一些规律。好的教育必然会把这些规律和原则传授给你。你要学习专家和思想家的经验，将它们化为己用。这种方法能够让你在短时间内学习到最管用的方法。要想精通某个特定的领域，人们势必要花费大量时间对最基本的假设提出质疑。然而，当今这种教育方式所付出的代价是：人们很容易变得循规蹈矩并且墨守成规，思维的联想壁垒就是这样产生的。这也使得多元化思考的发展变得更加不可能。

我们怎样才能消除这种不利影响？一种方法是避开学校和专家。然而这是不切实际的。辍学，或者认为那些拥有宝贵知识的人是糊涂的。相反，我们应该运用一系列策略，尽可能地学习更多的知识，而不被形成这些知识的思维方法所局限。

在这个问题上，保罗·梅迪尔也许有自己的答案。过去几年来，他研究了上千份商业计划，接触了上百位企业家。最让他感兴趣的案例还要数那些与“交叉点”有关的例子。

“瞧瞧生物工程学，再瞧瞧材料科学。它们都涉及多个学科，而且这些学科之间都有交叉。”说完，他又说起了一系列交叉创新活动：“一个人发现了某种新材料的化学构成，另一个人发现这种材料可以制作更好的滑雪工具。把这两位的发现结合在一起……新的发明就产生了。”梅迪尔十分瞧不上“单一科学渐进主义”，他一直在寻找能够打破学科间边界的人才。

那么在梅迪尔看来，处在交叉点上的创新者需要哪些重要品质呢？经过多年观察，他发现了这些人共有的两大特点。“有创造力的人经常孜孜不倦地自主学习。”他说，“此外，他们还具有广博的学识，学习的东西绝不局限于一个领域。”由此看来，广泛的学习与自主学习才是获得新知识的关键。

广泛的学习必然涉及多个领域，它将帮助人们冲破专业人士铸造的“联想壁垒”。然而，是否有任何证据能证明专业知识会妨碍创造力的发展？1995年，心理学家罗伯特·斯滕伯格（Robert Sternberg）与皮特·弗伦士（Peter Frensh）建立了一间实验室，在可控制的实验环境下具体研究这个问题。在这个实验中，桥牌老手与桥牌新手同时与电脑比赛。在第一轮的标准化游戏中，桥牌老手的表现明显高于新手。毕竟他们才是这个领域的专家。

后来，研究人员对游戏规则进行了小小的改动。他们改变了花色的次序，比如，调换方片和梅花的次序和名称。每位选手都需要时间适应这种改变，可是他们都适应得很快，全都学会了新的花色名称及次序。这一次，老手们的表现依然更好。

再后来，研究人员对游戏规则进行了结构性的改变。有意思的地方出现了。在桥牌游戏中，发牌结束后是叫牌环节，然后才开始打牌。玩家们你来我往，会打上好几轮。正常情况下，每轮游戏中出大牌的玩家获胜，并成为下一轮的选手。但是这一次，研究人员规定出小牌的选手获胜。对于这样的改变，新手们适应得极快，几乎看不出规则改变对他们有多大影响。新手们用不着改变复杂的策略，因为他们从一开始就不懂得什么策略。然而对老手们来说却不是那么回事。老的策略不管用了，他们也不能在短时间内想出新点子。专业知识是桥牌老手们的武装，同时也是枷锁，使他们无法突破固有的思维模式。

布朗大学脑科学项目主任约翰·多诺霍对此表示赞同。多诺霍认为，让本科生参与到研究生和教授的工作中，这对大学的发展将大有裨益。学生们可以从中获益，研究团队同样能有收获。多诺霍是这样解释的："本科生有很多不同的想法，很多想法都藏在我们的思维盲点中。事实证明这些想法是非常棒的。"当然，这种说法并不意味着越年轻就越有创造力。只不过年轻人通常会更少地受到他们在一个领域内接受教育的限制，因为他们所掌握的规矩还算不上太多。由此可以看出，学习新领域的知识能帮助人们打破各自的联想壁垒，无论老少。托马斯·库恩（Thomas Kuhn）在其著作《科学革命的结构》（*The Structure of Scientific Revolutions*）中谈道，"在新的领域中获得非凡发现的人要么非常年轻，要么就是因为他对这个领域的知识知之甚少。"

保罗·梅迪尔在处于交叉点上的创新人士身上发现的第二个品质是自主学习的品质。深入学习熟悉的领域和学科，我们将有更大的机会从不同的角度观察它们。事实上，分析创造者的成功规律时，正规教育与创造者的关系看起来就像一个倒U形。也就是说，正规教育刚开始会增加创造成功的可能性，但是到了一定程度之后，它又会降低成功的可能性。与科学从业者相比，艺术工作的转折点会来得更晚。

这样的例子不胜枚举。托马斯·爱迪生（Thomas Edison）也许是人类有史以来最了不起的发明家，可是他其实没有接受过任何高等教育。尽管如此，爱迪生怀抱着饱满的学习热情，如饥似渴地学习任何他感兴趣的知识。20岁那年，他已经读完了化学、电力学领域的著作，并依据这些作品进行了上百次实验。他常说书籍“可以阐释事物的理论”，但是，“真正说明问题的却是做事本身”。

苹果集团和皮克斯工作室的创始人史蒂夫·乔布斯同样没有完成大学学业，但是乔布斯一直没有放弃学习，只不过他的学习没有通过学校，而是通过自己。这些案例都说明了，在没有教师、同行、专家指导的情况下花大量时间阅读、绘画、学习、做实验是有意义的。讽刺的是，许多想要创新的人一直没敢抽出时间冒这样的风险。然而如果我们想要实现创新，就必须做这样的尝试。查尔斯·达尔文的功课一直低于平均水平，因为他将大部分时间花在自己感兴趣的东西上。他在风景如画的英国乡间观察植物，拜访当地有名的科学家，并与他们直接对话。

达尔文的父亲曾痛骂过这个儿子，因为他对任何事情都是三分钟热度。达尔文最早的工作是医生，然后是牧师，但两份工作都干得不长。后来，他登上轮船，开始了一场为期 5 年的环球地质考察之旅。达尔文最终成为有史以来最了不起的生物学家，甚至可以说是最了不起的科学家。回忆往事时，达尔文是这样说的："我认为我所学到的最具有价值的东西都是通过自学习得的。"

第五节　逆转假设——"大胆假设，小心征求"的溯因推理法

在前文中提到的两种策略能帮助人们打破学科间的壁垒，但是需要长期坚持。但是如果我们需要在极短的时间内来点"新点子"，这两种策略恐怕就帮不上什么忙了。当我们遇到特殊的挑战时，有没有可能强行冲破联想壁垒？换句话说，我们能不能主动寻找交叉点？大量证据显示这其实是可以做到的。我们常常听到这样的建议：为了解放大脑，我们可以不必再学习已经学会的东西，也不需要理会专家们搞的那一套。就算这类建议从某种程度上来说是有道理的，但是在实践中的意义却很小。

若要强行冲破联想壁垒，人们需要在思考某个情况、事件

和问题时强迫自己从不同的角度考虑它们。实现这一突破的最有效方法就是把问题的假设倒过来思考。逆转假设会促使大脑从一个完全不同的角度看待问题，扫清通往多元化思考之路的障碍。电子商务作为一个可能是有史以来最重要的发现，也许就是通过逆转假设得出的。

人类使用密码和加密技术的 2 500 年间，一直遵守着一条金科玉律：加密信息的一方和破解信息的一方需要掌握同一套密钥。可以这样打比方：这就像是把一封秘信放在一个上了锁的盒子里，你只能通过复制钥匙开锁，而这把复制钥匙一定会事先交到你手中。

这种定律对电子商务而言无疑是一场灾难。设想一下，如果你在亚马逊购物，输入信用卡号码之前，必须把你的密码也交出去，那情况会怎样？只有在任何人都接触不到你密码的情况下，你才能够使用它。就拿电子邮箱来说吧，如果其他人能够接触到邮箱的密码，那么邮箱使用者将会面临极大风险。当事双方需掌握同一套密钥的事实，将极大地阻碍电子商务的发展。幸运的是，这样的事情并没有发生。

20 世纪 70 年代早期，互联网尚处于萌芽阶段，来自斯坦福大学的两位天才密码专家威廉·迪菲（William Diffie）与马丁·赫尔曼（Martin Hellman）成功颠覆了密码学中最基本的假设。假设当事双方不需要同一套密钥，会是怎样的情况？这种假设乍一看实在有悖常理。这怎么可能呢？但事实上，它其实是可实现的。迪菲与赫尔曼在密码学、一个名称古怪与一种单向函数有关的数学分支之间找到了交叉点。想要了解这个过程，我们最好还是回到前文提到的上锁盒子的例子。我们可以想象一个女人，不妨叫她“艾莉丝”吧。艾莉丝有一把挂锁，她可以把挂锁的复制品交给任何人。当你想向艾莉丝传递某个信息时，你可以找她讨要一把挂锁。拿到锁后，你把要传达的信息放进箱中，给箱子上锁，再把箱子交给艾莉丝。然而一旦你锁上箱子，就再也不能取回箱中的信息。只有艾莉丝可以拿到信息，因为她是唯一一个拥有钥匙的人。后来，麻省理工学院的3位研究者，罗纳德·李维斯特（Ronald Rivest）、阿迪·萨莫尔（Adi Shamir）和伦纳德·阿德曼（Leonard Adleman）发明了RSA算法，让这种商用密码成为现实。要不是因为RSA算法的发明，人们不可能在互联网上安全地购买任何产品。

逆转假设是一种非常有效的方法，能够改变人们分析事物时所用的传统思考方式。我接下来要讲的例子来自迈克尔·米哈尔科（Michael Michalko）的杰作《米哈尔科创意思维9法则》（*Cracking Creativity*）。我们的目的不是要求你一定要想出什么特别的点子，而是希望能借此把你的头脑从先入为主的观念中解放出来。那么现在，就让我们看看这种方式是怎样工作的吧。

首先，设想一下与你遇到的挑战相关的情景、产品、概念，再想一想与这个情景相关的假设。接下来，将这些假设写下来，再把它们推翻。最后，考虑如何给这些逆转假设赋予实际意义。

假设你想要开一家餐馆，却苦于没有新意，那么你要怎样做呢？首先，写下与开办餐馆相关且较普遍的假设，然后将这些假设逆转。你可能会得到类似于图 4-1 的结果。

图 4-1　开办餐馆假设

逆转假设	
假设	逆转
餐馆里有菜单	餐馆里无菜单
餐馆里菜品收费	餐馆里菜品免费
提供食物的餐馆	不提供食物的餐馆

现在从每一条逆转假设出发，设想如何开展并维持你想象中的业务。以下是一些可能出现的情况：

· 无菜单的餐馆：厨师会把他当天在肉市、鱼市、菜市购得的食材告诉每一位顾客。食客自主选择想吃的食材，再由大厨为每一位客人定制菜肴。

· 菜品免费的餐馆：这间餐馆其实类似于咖啡厅。客人们在此处聊天、工作。咖啡厅按照客人们停留的时间收费，并且会免费为客人们提供一些便宜的食物和饮料。

· 不提供食物的餐馆：这是一间充满异域风情的餐厅，设有许多设计独特的包间。人们用野餐篮自带食物与饮料，为使用就餐地点而付费。

假如某个方案在你看来特别有意思，那么你可以尽可能地完善它，从更广泛的角度思考如何让这个方案成为现实。这样做的关键不是立刻找到你想要的解决方案（尽管这是有可能的），而是把最直接的假设放在一边——至少暂时如此，让你的大脑能够脱离惯常的思维联想链条。

还有一些实现逆转假设的方法。比如，你可以先设定一个目标，然后对其进行逆转，再试着分析实现逆转后的目标方法。这个过程会强迫你的大脑以不同以往的方法思考一个普遍的主题。不妨想一想这个问题：怎样才能使顾客在银行办事的体验尽可能地愉快？

你以前也许有可能思考过这个问题，哪怕你不是什么银行家。此时此刻，你几乎能感受到自己的思维再次朝着一条熟悉的路径走下去。闪进你大脑的答案可能有：和蔼可亲的客服专员、装修精美的银行大厅，在最方便顾客的地点放置自动取款机。现在，把我们的目标逆转过来，看看结果会怎样？怎样才能让顾客在银行办事的体验尽可能地糟糕？怎样才能把客人赶跑？思考过这个问题的人也许没那么多，可是我们也许能从问题的答案中得出一些十分有趣而且意想不到的结果。

第六节 能够多角度预测、应对处理已经或可能发生的事情和风险

想象一下通过定时摄影所看到的一朵花成长的画面。一帧帧画面在短短几秒钟内展示了花朵破土、绽放、枯萎、凋谢的过程。这样的影像帮助我们理解花朵的生命周期，为我们呈现了看待生命的一个角度。

现在让我们换一个角度。这一次，我们不再观察花朵，而是变成花朵本身。假设花中藏着一架能够记录周边环境的摄像机，它可以记录气候、雨水、土壤的状况。它可以拍摄到植物根部从泥土中吸取营养的画面，记录园丁为花儿浇水，照料花卉的画面，以及“嗡嗡”作响的蜜蜂寻觅花粉时为花蕊授粉的过程。这种独特的视角将让你了解到一系列不同于往常的，有关花卉生命本质的事情。它们非常有可能是一些极不平常的事情，因为你可以从完全不同的角度看待原本再普通不过的事情。以上哪种视角能给你带来不一样的见解？从科学与艺术的立场来看，哪一种视角能给你带来更多的花卉知识？

观察任何事物的方法都是可以选择的。如果总是从相同的视角观察事物，我们往往只能注意到同样的东西。拿图 4-2 所示的图形来说，大多数人都会把它说成是三角形与圆形交替形成的长方形。

图 4-2　图形与三角形交替

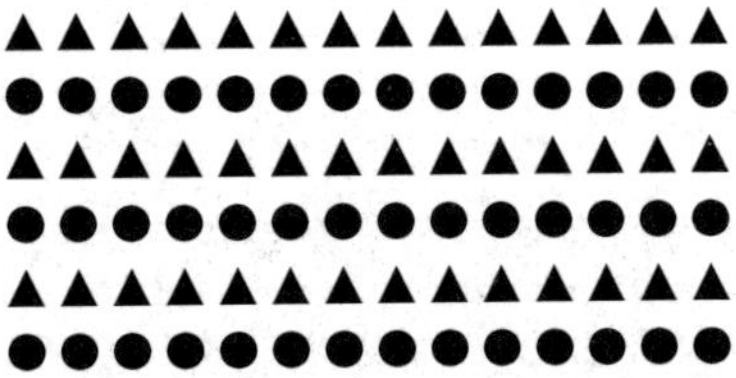

然而不容易一眼看出的是，这个图形是三角形与圆形交替构成的无尽循环。我们如果可以对一个问题提出质疑，就能看到新的东西，甚至有可能打破联想思维的边界。列奥纳多·达·芬奇可以说是定义文艺复兴时代的伟人，他也许是人类有史以来最了不起的多元化思考者。达 · 芬奇相信，要想全面地了解某个事物，人们至少需要从 3 个角度分析。

因为人们从新的角度看待一个老问题，环境保护与治理方面出现了一种有革命意义的创新思维。20 世纪 70 年代至 80 年代，环保组织和环保产业把空气污染以及由此产生的酸雨当作生态问题和政治问题。这种观点导致立法争议，催生了一系列漏洞百出的政策。到了 1990 年，政客及环保主义者们开始从市场角度看待这个问题，想出治理空气污染的有效方法：设立可以进行排污权交易的市场。其他国家纷纷效仿这一办法，用以解决世界上或这或那的环境问题，如全球变暖问题。

你明明可以从许多角度看待这个问题，为什么一定要选择最简单、最直接的角度呢？强迫自己从不同的角度看待问题，你才能打破不同领域间的联想壁垒，在最出乎意料的地方找到联系。这个道理听起来简单，想要真正做到可不容易。必须选择与你惯用的视角完全不同的角度。与前文提到的逆转假设一样，我们的重点不在于提出观点本身，而是帮助你解放思想，逃脱常见的联系链条。下面是两条相关建议：

（1）把一个想法应用到其他人或其他事情上. 假设你正在设计一座沙滩小屋。你想象中的小屋是什么样的？假设这座屋子的主人是帕布罗·毕加索（Pablo Picasso），你会不会更改之前的设计？请忘掉你对毕加索需求一无所知的事实，只要把毕加索当作一个普通人，按照你对他的认识设计就好。接下来，请将房屋的主人设想成歌剧演唱家鲁契亚诺·帕瓦罗蒂（Luciano Pavarotti）。你是否会更改房间的大小或者阀门的弧度？把正常情况下建造这样一所房屋的想法与你通过刚才那番设想得出的构想相结合，如此会进一步得出一系列新奇有趣的想法。

（2）设置约束条件。一位瑜伽老师摔伤了胳膊，伤口愈合期间，她无法确认自己是否还能继续授课。然而用不了多久，这位老师就会发现，哪怕不用那只胳膊，她依然可以根据自己身体的变化设计出新的瑜伽动作。无论是有心还是无意，设置约束条件能够强迫我们摸索出解决某个问题的新方法。假如，你正设法改进店铺的客户服务。你的客服人员不能说话，或者无法使用手势，情况会怎样？通过设置约束条件，你很有可能打破思维壁垒，获得一些你从前绝对想不到的想法。

接下来会发生什么？

阿夸维特餐厅的故事是一个成功励志故事。事实上，马库斯·萨缪尔逊正打算再开一家餐厅。

“你打算在哪座城市开餐厅？”我问。事实上，我以为他会在其他城市推广“阿夸维特模式”。

“还在纽约。”他告诉我，“我要开一家日式餐厅。”

这个回答让我大跌眼镜。日式餐馆？可是我很快就明白了。说白了，什么样的人最有可能在日本料理方面实现创新？是日料专家，还是马库斯·萨缪尔逊这样的人？

萨缪尔逊的人生舞台早在他来到纽约之前就搭建好了。他的成长背景、所接受的教育，还有那种想要从根本上改变一般大众对瑞典菜认识的态度，促使他把世界各地的烹饪方法结合在一起。萨缪尔逊之所以能找到交叉点，是因为他设法打破了思维的联想壁垒。

然而对于创新思维来说，前文提到的几点还远远不够。多元化思考是由不同领域的概念结合而成的。这种结合是怎样产生的？一个简单的想法得以扩展、壮大的秘密是什么？在接下来的章节中，我们将看到一位年轻的数学家在游戏世界中引起轰动的故事，以此探讨刚才提到的问题。

第四章　有效提升思考力，实现能力升级

1991 年春，年轻的数学博士生理查德·加菲尔德遇见了皮特·阿基森（Peter Adkison）。阿基森是一家小型游戏公司，威世智（Wizards Of The Coast）公司的主席。加菲尔德设计了一款名为“RoboRally”的棋盘游戏，并极力向阿基森推销他的构思。阿基森并不买账。他让这位年轻的数学家回去设计一些更简单的，易上手、便于携带，而且生产成本较低的游戏。

后来，加菲尔德设计了一款具有革命意义的游戏，叫“万智牌”（Magic: The Gathering），这是一款不同于任何同类游戏的产品。万智牌上市的头一年就为威世智挣了两万美金。对于一家仅有 7 名员工的初创公司来说，这样的成绩已经很了不起了。谁也想象不到，第二年，威世智的收益激增到 4 000 万美金。截至 1995 年，威世智一共售出了 5 亿套卡牌。万智牌掀起了史无前例的狂热。10 年后，威世智收获了超过六百万的玩家，遍布 50 余国。世界各地每年都会举办 10 万余场由相关竞赛组织认可的比赛。可以说，威世智公司开创了一个全新的游戏领域。后来，威世智在美国发行了《精灵宝可梦》

（*Pokemon*）卡牌游戏。这款游戏受到了全球儿童的狂热追捧，孩子们的沉迷程度招来了宗教群体的谴责。此后，威世智公司的发展一日千里，由此出现的相关产业也成为当代文化的一部分。

那么，理查德·加菲尔德是怎样设计出这样一款游戏的呢？他是怎样获得奇思妙想，从 RoboRally 升级到万智牌，一夜之间成为传奇的？要想解开这些谜团，我们首先要明白联想壁垒倒塌之后会出现怎样的情况，搞清楚思维的交叉点上会发生什么。

理查德·加菲尔德是个出言谨慎的人。在回答问题之前，他一定会先花一点时间思考这个问题。“我还在，我还在，只是我得先理清思路。”他在电话中不紧不慢地说。他的语言十分简练，却带着试探的意味。他像是想要给出明确的答案，也想为自己留出一定的空间，能在日后对这些话进行修正。也许是组合数学博士的学科背景，让加菲尔德养成了这种严苛的天性，也许是游戏设计的经历，促使他不断寻找新的可能性。无论是出于哪种原因，有一点可以肯定，那就是加菲尔德显然热爱游戏的每一个方面。

万智牌就是加菲尔德这种长期爱好的产物。他总是把它放在书架上。隔上几个月，他才会把万智牌从架子上拿下来，做一点改进，和朋友们打上几轮，再试验一下新规矩。然后纸牌会回到它原来的位置，几个月之后再循环上一轮。万智牌正式发行之前，加菲尔德已构思了 8 年有余。尽管实际完成这项工作的时间加起来也不过是几个月。理查德·加菲尔德本人没有把发明万智牌的构思归功于那 8 年，反而认为这个想法源于在郊外度过的某一天。“我发明游戏的每一步都是循序渐进的，唯有这次例外。发明万智牌的想法源自一个周末。那一天，我前往俄勒冈州看望一位老朋友，并和他一同去了马尔特诺马瀑布。我还清楚地记得我是在什么时候、什么地方冒出这个想法的。这简直是灵光乍现。”

为了理解理查德·加菲尔德的想法为何具有革命性，我们首先需要了解万智牌的游戏规则。万智牌的玩法是由两个人根据各自手中的牌进行比赛。这些卡牌分为几个大类，如“生物”“土地”“法术”。游戏过程中，你需要将手中的牌进行各种战术组合，把对方的生命点从 20 降至 0。到目前为止，这个游戏没有什么特别的地方。许多棋类游戏都是这种玩法，这个游戏只是更精致一些。无论在哪一种游戏中，你都需要对具有不同功能的游戏元素进行复杂的战术组合。

然而，加菲尔德在马尔特诺马瀑布想出的点子有一处关键性区别，使得万智牌超越了所有的同类游戏。“我突然意识到，人们玩的卡牌不见得非得一模一样、千篇一律。正是这个想法让我实现了突破。”加菲尔德回忆道。游戏开始前，每个玩家都会持有一副牌，包括鬼怪、山川、法术等不同花色，共60张，均来自玩家的个人收藏。玩家手中的牌也许差别极大，因为市面上有着几百甚至上千种牌型。

其实是这么回事：人们买一副牌就会得到60张牌，但这60张牌只不过是庞大卡牌库中的一小部分。假如他们再买一副牌，其中也许包含几张他们已经拥有的牌。也就是说，一个人出的牌很有可能是对手从未见过的，如怪兽卡“剑圣”。但即便如此，他的对手很快便能理解这张新牌会对自己的出牌策略产生怎样的影响。因此，只要牌继续打下去，便可以不费吹灰之力地学会这张牌的使用技巧。由于每个玩家带的牌都是自己的，他们很有可能在整个游戏过程中遇到的都是此前从未见过的牌。

让我们仔细想一想。想象在一局普通的扑克比赛中，一位玩家突然亮出一个新的牌型，并且给这牌型安上奇怪的名称。你也许会摸不着头脑，甚至火冒三丈。游戏不是这样玩的！有史以来，所有的游戏都必须基于公平原则。就拿象棋来说吧，开局之前，每个棋子都理应摆在相应的位置。然而，这种情况并不适用于万智牌。

一轮游戏结束后，下家可以认真地考虑自己是否喜欢那张牌。他要是喜欢，就可以提出用自己手中多余的牌换取这张牌。原来，在万智牌中，有些花色较为普遍，有些花色十分稀有。“剑圣”就属于难得的卡牌。稀有的卡牌很难获得，无论你购买多少副牌。唯一的方法只能是和其他玩家进行交易。这可能得加入网上玩家社区或线下组织。尽管如此，威世智每年都会推出一系列新品，使得换牌和买新牌的活动不断继续，为玩家不断带来新的挑战。

这样做会带来怎样的结果？玩家也许会为了某一张牌买整整一副牌。更有趣的是，他们能找到无数与他人交换卡片的方法。用不了多久，玩家们交换卡片的理由就不再是简单地改进技能，可能是他们认识到了某张特殊卡片的价值，还有可能是因为他们想要集齐一整副牌。

等等！这不就是收藏游戏吗？就像收集棒球卡、邮票和硬币一样。还记得“垃圾桶小孩卡”（Garbage Pail Kids cards）吗？这些卡片可以被购买、收藏、交易，结果是集卡人员的网络不断强化，并且迅速扩大。

这便是万智牌成功的秘密：它是可以被收藏的。纸牌游戏正好具有物品收藏与普通扑克牌游戏的交叉特点，难怪人们把它称为“集卡游戏”（或者卡片交易游戏）。加菲尔德在马尔特诺马瀑布萌生出的灵感并非源自游戏，或者收藏领域本身。加菲尔德将两个世界的概念联系起来，获得了新的想法。这种联系别出心裁、大获成功。“游戏上市后立即得到了病毒般地传播，人们简直不敢相信它卖得那么快。”加菲尔德说，“我在会上介绍万智牌和它的游戏规则时，人们听得全神贯注，完全沉浸其中。我不知道是什么如此打动人心，但是在此前及以后，我从来没有见过人们对哪件事这么认真。短短 4 个月，首发的 1 000 万副牌就销售一空。”

对于万智牌的成功，加菲尔德给出了两条理由：首先，学习的过程激动人心，而且能够不断延长。其次，玩家群体在不断扩大。仔细观察一下，你就会发现加菲尔德谈到的其实是游戏与收藏这两个领域的交叉点。“在任何一种游戏中，游戏参与者们都会经历几个不同的阶段。”加菲尔德解释道，“首先，他们得学习规则。掌握规则后，游戏将进入一个最有意思的阶段。在这个阶段，人们将学到游戏最主要的战略与战术，比如，国际象棋中的如何保护自己的棋子不受攻击等招数。当两个人同时学习时，首先发现战术的人获得胜利的概率更大，而另一个人会先以模仿胜利者的策略为主，然后逐步加上自己的理解。这个过程会循环往复好几轮。接下来，游戏会渐渐进入第三阶段。到了这个阶段，棋手虽然很想出新的招数，但是技艺却难有长进。大多数玩家觉得这个阶段十分艰难。他们要么弃掉这个游戏，要么安于现状。“万智牌和它们不一样。增强技艺的过程将伴随你很长时间。因为我们的牌总在不断地变化。”

“不仅如此，”加菲尔德补充道，“万智牌创造了一个庞大的玩家群体，而且比一般纸牌或棋盘游戏的群体大得多。和朋友们玩这个游戏时，你会发现他们手上的牌与你的牌不一样。于是，你会考虑自己所拥有纸牌的优势与劣势。你也许会卖掉一些牌，从而进一步融入玩家群体。”万智牌的玩家是相互联系的。为了得到某张特殊的纸牌，玩家们会主动寻找牌友。加菲尔德谈到万智牌与马尔特诺马瀑布的灵感时，一切听起来那么简单、明确。但是它如果真的那么简单，其他人为何没有想到呢？加菲尔德灵感的背后藏着怎样的秘密？我们到底要怎样做，才能够产生多元化思考？

心理学家 N.R. 梅尔（N. R. Maier）早期做过一个实验，试图了解“洞察”（insight）过程的本质，这后来成为关于创造力的著名实验。参与实验的人员被领进一间屋子。屋子的天花板很高，悬挂着两条长长的绳索。绳索旁边有一张书桌，上边摆放着各种工具，包括一对老虎钳。实验者告诉被测试者，这个实验的目的是要把两条绳索系在一起，而且他们可以借助桌子上的任何工具。通常情况下，被测试者首先会简单地把两条绳索拽到一起。然而正如你所料，这种做法根本不可行。被测试者拽住一条绳子，走向另一条绳子的时候，很快会发现他们根本够不着第二条绳子。两条绳索间的距离实在太远了。

为了解决这个问题，被测试者需要借助钳子的力量。他们需要采取一种独特的方法——把钳子当成钟摆。一旦钳子被系在一条绳的末端，参与实验者就能让钳子带着绳子运动，使其来回摆动。现在，他们可以走向第二条绳子，伴随着“钟摆”的运动，轻松地将两条绳子系在一起。

在这段描述中，这就是个明摆着的方法，但实际操作的时候大多数人都无法轻易地想到这个办法。梅尔的实验能说明问题的地方在于，他试图了解怎样做才能让问题的答案看起来更明显。关键在于实验中所提供的工具类型。要想把钳子当成重物，人们必须从一种完全不同的方面考虑它的用处，以一种不寻常的方式使用它。但是，假如实验者提供的工具中有一个能被当成砝码的铅锤，问题就会变得简单得多。梅尔还发现，在这个实验中，被测试者会对各种暗示做出反应。有些人会“不小心”碰到一条绳子，使其摆动起来。这些小插曲往往能让被测试者更快地找到问题的解决方案。有趣的是，被测试者常常察觉不到暗示的推动作用。当被问及是什么使得他们得出答案时，他们总是一头雾水。

我们可以从这个实验中得出至少两条经验。一是，将各种概念用一种不同往常的方法结合起来，便能产生创造力。钳子与绳索在实验中是分开的，但它们结合成了一个东西——摆锤。二是，人们很难对“洞察”追根溯源。激发灵感的因素看起来是随机的、巧合的，或者就像理查德·加菲尔德所说，是凭空产生的。换句话说，创造力是不同概念的组合，而它的出现具有偶然性。接下来，我们将对这两条经验进行详细讨论，因为它们是我们理解如何产生交叉性思维的关键。

经验一：创造力其实就是不同概念的组合

亚瑟·库斯勒（Arthur Koestler）是一位社会学家，他最早提出当各种概念相互碰撞时，最具有创造性的思想便会应运而生，这个概念后来被人们广泛接受。这一理论是库斯勒于 20 世纪 60 年代早期，在他颇有影响力的著作《创造的产生》（*The Act of Creation*）中提出的。他表示，创造力产生的过程与让我们发笑的过程十分相似。你是否想过，我们听到一个有趣的笑话时为什么会笑？进一步说，到底什么样的笑话才是有趣的？

仔细想一想，你就会发现大多数笑话都是沿着一条固定线索发展的故事，这样的线索可以让你很快地进入情境。讲笑话的人会在最出乎意料的地方插入另一个概念。这种突然的概念冲突会立刻引起人们的反应——也就是大笑。让我们看看下面这个故事：

三个人排队等待进入天堂。守门人圣彼得告诉他们，天堂此时人满为患，他只能把死于非命的人放进来，因此他需要了解这几位的死因。第一个人开口了："我住在一栋摩天大楼的第 14 层。我怀疑我的妻子与别的男人有染。于是有一天，我特意提前回家，堵截她的奸夫。找了很久，我才发现那个野男人挂在窗外，想要躲起来。我简直气疯了，冲过去打他。那个奸夫失手坠楼，谁想到居然掉在楼下的灌木上，捡回了一条命。我想要找些重物把他砸死，最后把冰箱推出窗外，正中他的脑袋。这场风波让我心脏病突发，结果去世了。"

此人迅速被放行。

第二个人接着说道："我住在一栋摩天大楼的 15 楼。某天清理阳台的时候失足滑到窗外。万幸的是，我居然一把抓住了楼下窗台上的栏杆。我看见屋内的一个男人跑到窗前，以为他要救我。可是没想到他非但见死不救，反而对我拳脚相加。后来我实在撑不住，松手掉下了楼。苍天有眼，楼下的一丛灌木让我捡回了一条命。然而就在这时候，一电冰箱从天而降，砸到我头上，把我给砸死了。"

这个人同样被放行。

第三个人终于开口了："是这样的……我赤身裸体地藏在冰箱里……"

这个故事的情节有一个固定的发展方向。当你渐渐看出第一个男人把失足跌下楼的邻居和奸夫搞混的时候，你可能会哈哈一笑。但是这时故事被一个出人意料的概念打断——冰箱里装的不是食物，而是一个男人。这个笑话生动地展示了从属于某一领域的人把自己所掌握的知识与来自其他学科当中毫无关联的想法相结合时会出现的情况。这种结合会立刻引起一定的反应，比如大笑，也就是库斯勒口中的"啊哈"反应。与之对应的是艺术引起的"啊！"反应以及科学发现引起的"啊哈！"反应。

这些特殊反应其实经常出现，只是我们不一定辨别得出来。以罗伯特·约翰逊（Robert Johnson）为例，他从出租车广播中听到某个人打算建立一个专门服务于老年人的有线电视台，于是立刻产生创立"黑人娱乐电视"（BET）的想法。这个电视台在黑人社区积攒了不少人气，并帮助约翰逊在有线电视与黑人消费者之间建立起了联系。1979 年以前，谁也不相信这种联系会取得成功。20 年后，约翰逊把黑人娱乐电视卖给维亚康姆集团的时候，成交价格达到了 30 亿美元。

这个例子说明了为什么特殊的多元化思考常常让人感到不可思议。创造力问题研究的先驱、心理学家萨尔诺夫·梅德尼克（Sarnoff Mednick）这样写道："出现在一种新组合当中的元素之间，关联程度越低，在过程中间或者结果方面越具有创造性。"换句话说，组合当中的概念区别越大，相应的想法也就越有创造价值。这就是为什么将海滩与贝壳结合在一起不能让任何人激动，而贝壳与装甲车的结合可能会让人好奇。因为同样的原因，把体育比赛与金钱联系起来让人生厌，但是把它与电视直播联系起来就会创造出全新的节目类型。

多元化思考是开天辟地，有突破性的。因为它涉及的概念如此不同，联系的方式又那么不寻常，人们很难相信它会成功。尽管这种结合的方式不是每次都能创造出有价值的产物，但是产生的收获往往会让人感到不可思议。

经验二："随机闪电"和"有准备的发现"

能够听到人们谈论他们是在何时、何地获得新灵感是一件非常有趣的事情。触发灵感的时机无法预测，因此这类事情总是很有趣，如加菲尔德的灵光乍现。他花了 8 年时间构思万智牌，然而重大的思维突破往往只产生于某一瞬间。这个突破把加菲尔德的个人爱好变成了一场风靡全球的游戏革命。这个突破产生于马尔特诺马瀑布，为何会在那个时刻，那个地点获得灵感？尽管加菲尔德是一位游戏设计专家，但是没有特别的理由能解释他为何能在那个时刻想到万智牌的设计。哪怕再花上几年时间，他依然有可能一无所获。这一切难道仅仅是因为运气？

在创新过程中，运气的确起着十分关键的作用。当艺术家、企业家、科学家谈论到自己成功的创意原因时，很多人都会将其归功于运气（勤奋是排在第二位的原因，我将在第7章介绍这两大因素的关系。）。我在第1章中提到的马尔科姆·格拉德威尔不仅会写书，还是《纽约客》（*The New Yorker*）杂志的撰稿人。从他所著的书籍和文章中不难看出，他在编撰故事时，拥有把不同学科中的各种概念结合在一起的杰出能力。他可以把密克罗尼西亚群岛的自杀事件与曼哈顿犯罪率下降这两件事联系在一起，再用解读人类大脑的方法对警察进行抨击。我向他请教他是怎样想出这些新奇的点子的。“这纯属偶然，”他对我说，“有时候我也不知道是怎么回事，随机性很强。有时候，听到人们说一些有趣的事情时，我会把它们都记住。重要的是必须始终保持开放的头脑，保持对信息的好奇。有一半的时间，我根本记不清自己的想法是怎样产生的。”有这种感受的不止他一个人。我采访的人当中，大多数人很难解释清楚他们的灵感是怎样产生的，以及它们为何不能早一点出现。

研究显示，有两种随机组合与产生创造思维的过程非常有关。我把第一种类型称为“随机闪电”，这种随机组合常常出现在人们解决问题的过程中。通常，你的脑子里会有一个特定的目标，只是无法确定问题的解决方案，也不能肯定最终成果是什么样的。这种情况常见于工作场合中。你的目标可能是推出一场新颖的营销活动，申请新的补助款，或者发展某种特殊的技术工艺，等等。在这些情况下，答案往往出现在两个阶段之后。首先是一段长时间的冥思苦想，然后是一段“基本上不太去想它”的过程。在第一阶段，问题顽固地存在于人们的脑中几个小时、数天、数周、数月，甚至几年都挥散不去。但是与此同时，这些问题极有可能与人们每天偶然获知的概念或者留下的印象产生联系。或早或迟，某个概念或某种印象可能正好与你大脑中的问题对路，一种新的想法或者新的解决办法于是应运而生。

第二阶段，大脑虽处于“休眠”状态，却始终处于被各种印象围攻的状态。我将这个阶段称为“孵化阶段”。这一阶段的创造活动均有迹可循。加菲尔德的万智牌灵感就是这种随机创造活动最好的范例。“灵光一闪”的经历并非是具有高度创新能力的人所独有的。我们每个人都曾经从表面上看似毫无关联的事情中受到启发，进而“凭空”产生某个想法。

我把第二种随机整合称为“有准备的发现”。这种组合出现在一个早有准备的人遇到了他没有打算寻找的现象时。所谓“有准备”指的是，除非人们早就准备好理解某件事的意义，否则他是不可能抓住它的，因为这种机会稍纵即逝。一个人可以在某个领域内努力勤勉地做某件事情，然后，通过某些机缘发现一个与这件事完全无关的事情。这种类型的随机发现例子在科技领域中比比皆是，其中著名的要数路易斯·巴斯德（Louis Pasteur）1875年发现疫苗的故事。巴斯德把鸡霍乱菌的培养基忘在实验室里，整整一个夏天都没想起来。后来，他把这支被闲置一个夏天的病毒注射进小鸡体内，小鸡居然奇迹般地活了下来。它们只是得了些小病，很快便康复了。巴斯德最初以为是病毒出了问题，于是他又培养出一些新病毒。他把新病毒注射进小鸡的身体，结果它们又一次扛了过来。巴斯德突然意识到，第一次注射后，小鸡已经对病毒产生了免疫，也就是说注射进它们体内的其实是疫苗。好一个出人意料的伟大发现！假如巴斯德没有思考小鸡存活的意义，那么这次灵感就会离他而去。

科学界常常能见到这种“有准备的发现”。这似乎是因为科学具有一种为实验或假设设定一个目标的传统。因此，人们一眼就能看出一个结论是否超出了实验的范围。但是，同样的情况在企业活动及艺术领域上也很常见。例如，许多公司成立之初，往往会向顾客群推销特定的商品。但是几年后，由于一些不可预见的、随机的因素，或是基于现状的观察，这些企业的产品和顾客群都会发生变化。这种随机事件在每个人身上都可能发生。

创造力如此依赖于偶然因素，这让许多人感到困扰。我们总以为创造力与逻辑、技能或某种特殊的东西有关。我们一厢情愿地认为创造力是能够被推测的，而不是什么“灵光一闪”或者“有准备的发现”这种偶然事件。但事实就是如此，万智牌就是最好的例子。理查德·加菲尔德难道能靠着逻辑得到这个游戏背后所需要的联想组合吗？这不太可能。正因为如此，向潜在的合伙人介绍万智牌之前，加菲尔德拿得出手的只有RoboRally这样平凡无奇的游戏。加菲尔德绝不可能想象到，仅仅几个月后，他就能获得设计万智牌的灵感。同样，他也不知道自己会在何处产生这样的灵感。换句话说，万智牌是运气的产物。

然而，这并不是事实的全部。否则，本书或者任何一本关于思维创新的书籍都会失去现实意义。我们很清楚，在创新能力方面，总有一些个体、团队、组织要比他们的同类优秀得多。

如果创造力的产生完全依赖于随机因素，那就不可能出现这样的情况。我们有没有可能人为地增加找到非凡多元化思考的可能性？这不仅大有可能，而且是人们实现突破性创新的基础。在下一个章节中，我们将看到实现这种可能性的方法。

第一节　对世界充满好奇

导致恐龙灭绝的原因是 20 世纪的一大未解之谜。恐龙在地球上生存了数百万年，却在 6 500 万年前突然绝迹。这种极速灭绝的原因困扰了古生物学家数十年之久。他们提出了多种猜测，其中不乏严肃的讨论。比如，恐龙患上了花粉热，再比如后来出现的食肉类哺乳动物在数量上占了优势，或者仅仅由于它们自身的体积过于庞大。恐龙灭绝的难题引来了曾摘得诺贝尔奖桂冠的实验物理学家路易斯·阿尔瓦雷茨的关注。阿尔瓦雷茨提出，白垩纪晚期，一颗直径 110 千米的小行星袭击了地球。小行星的撞击也许扬起了一条很宽的尘埃带，附着在大气层上方，导致地球气候变冷，最终导致进化树中的整个分支消失。这一说法已经成为解释数千万年前那次大灭绝的最主要的理论之一。

古生物学家早就知道，在浩瀚的地球史中，小行星和陨石的影响力一直存在着。那么这些人中为什么没人提出小行星理论？说白了，他们就是没想到这个可能性。阿尔瓦雷茨把天文学和古生物学联系起来，因此他更有可能发现其他专家忽略的东西。

在不同的工作、项目、爱好之间游走，能极大程度地帮助人们获得意外而独特的见解。我将这个过程称为“职业多元化”（occupation diversification），这也是一种找到思维交叉点的普遍做法。路易斯·阿尔瓦雷茨是一位拥有天文学与核物理学研究背景的专家，他把研究兴趣放在古生物学上，并且在这个领域获得突破。当然，为了让这种联系能够切实可行，我们必须像第 4 章讨论过的那样，把不同背景的人聚到一处。如果我们能设法做到这一点，那么我们就可以经常地将原有的各种方法或理论应用到新的环境中，创造出与众不同的思想组合。我们可以想象一下，当一位工程师对肾脏中的链环状结构突然产生兴趣，将会出现怎样的情况？多年以来，生理学家一直认为链环状结构没有特定功能，只不过是肾演化过程中的遗留物。但是，肾脏的链环状结构让一位工程师想到一种叫“逆流倍增器”的设备，这是一种能增加液体向心力的物理装置。

如此说来，要想产生多元化思考，在不同领域的项目上花时间就具有重大的意义。不幸的是，大多数组织并不存在多领域的项目。这使得职业多元化的选择难以实现。通常情况下，一家公司会为每一位员工安排最合适的工作。一旦员工的位置或者从事的领域确定下来，公司便会紧接着为下一步专业化分工提供便利。倘若你是一位农作物交易专家，公司不太可能调你去负责医疗保健工作。对公司来说，派你负责农作物贸易工作显然更加可行。把一个人从他所擅长的领域调到不了解的领域，似乎有悖常识。如果你的目标只是高质量地执行基本层面上该完成的既定任务，通过小规模、定向的步骤进行创新，那么专业化分工是稳妥的途径。然而，如果你的目标是想出新颖、有突破性的主意，多样化的经历就变得尤为重要。

贝恩咨询公司（Bain & Company）深谙这条原则。该公司的董事会主席奥里特·加迪什（Orit Gadiesh）多年间一直在推动这一原则的实现。贝恩咨询公司是世界上最优秀的战略咨询公司之一，主要业务是帮助组织实现创新发展战略。打个比方，假设一家公司想要让他们的产品打入德国市场，贝恩咨询公司可以帮助这家企业建立独特而有效的发展策略。

20 世纪 90 年代早期，加迪什凭借其出色的领导能力，帮助贝恩咨询公司摆脱了财政危机，其领导秘法也在资讯界内口口相传。她的成长背景同样引起了人们的好奇。加迪什曾在以色列情报部门工作过两年——“学习怎样不被大佬们吓破胆”。

取得心理学学位后，奥里特·加迪什离开以色列，前往哈佛商学院求学。她当时几乎连一个英文单词都不认识。然而毕业的时候，加迪什的成绩跻身全班前 5%。

从许多方面来看，加迪什都是反叛、激进的典型。她在客户面前表现得直率而坦诚，而且从不因为自己的观点与大多数人相左而担心。当年，几乎所有人都投身到互联网繁荣时代掀起的狂潮中，加迪什却不为所动，拒绝上网。“互联网是工具，又不代表范式转移[①]！”这句话成为加迪什的口头禅，也让她成为众人眼中的老古板。当然，这是在互联网泡沫经济崩塌之前的事情。互联网泡沫崩塌后，许多坐拥数十亿美金身价的公司在一夜之间倒闭。它们的资产蒸发得一干二净，它们的名字再也无人问津。

在贝恩咨询公司波士顿总部与加迪什见面时，我立刻感觉到她不是个典型的咨询顾问。她没有像其他女顾问一样穿海军蓝的裙子，也没有戴标配的三件套首饰。她的样子与我想象中的公司形象叛逆者一样，而“反叛者”也正是她的代名词。加迪什戴了至少 15 只手镯，踏着一双走起路来“噔噔”响的“恨

---

① 所谓“范式转移”，是指一个领域里出现新的学术成果，打破了原有的假设或者法则，从而迫使人们对本学科的很多基本理论做出根本性的修正。

天高”。她有着能让人迅速放下戒备的笑容，眼神总是专注地落在他人身上。我们聊了还不到一分钟，话题就落到了多元化思考上。

“有人说，在现代化的今天依然欣赏文艺复兴时代的男人多是投资银行家。他们周末休假的时候会去骑马，或者参加类似的休闲活动。”加迪什大笑着说，“他们不是文艺复兴式的人，只是有自己的爱好。文艺复兴式的人应当能看到某种趋势或模式，然后把他所了解的东西融合在一起。对我来说，文艺复兴式的人是充满好奇心的，对各种事情都满怀兴趣。因为这份好奇，你会自愿把时间‘浪费’在与你的工作没有直接关系的事物上。然而在未来的某个时候，你一定会不知不觉地把这些东西与工作结合起来。”

见到加迪什第一眼时，我发觉她看上去并不像那种有过不同职业背景经历的人。她于 1977 年加入贝恩咨询公司，此后一直在这家公司工作。“我明白你的意思。”当我道出疑惑后，加迪什这样回答，“但是这事实上并不矛盾。我在这家公司的所有岗位上都工作过。”加迪什处理起公司的大小事情时表现得十分专业。她把自己当作一位通才，或者说是跨领域专家。这个词是她在公司内部使用的，用来形容那些在任何行业都能产生创新策略或见解的人。她不会在贝恩咨询公司专门从事某一项工作，而是每个岗位都尝试了一番。不必懂得锻造钢铁的具体方法（但加迪什事实上是懂的），她也能了解有关钢铁工业发展战略的各个方面。“我知道当我着眼于钢铁产业的问题时，我思考问题的角度必然与在这个行业中从业数十年之久的人截然不同。”加迪什相信，这种洞察力不仅来自商业，也同样存在于其他领域。例如，她一年会阅读将近100本书，然而没有一本书是专门讲商业的。

奥里特·加迪什把这些价值观深深地根植于贝恩咨询公司的企业文化中。贝恩咨询公司恐怕比任何大型咨询公司都能体会到这种价值观。当然，这家公司也雇用了一批专家，但他们所从事的都不是各自的老本行。在这里，你可以看到医疗保健咨询业务部门的负责人为媒体策略部门出谋划策。“他会带着更多的点子回到医疗部门，也会给媒体策略部灌输一些新的思维。”加迪什解释道，“但是请别误会。我们公司的专业人员虽然精通各个领域，可是我们不会让一个员工在整个职业生涯中始终做同一件事。这也是为什么我们要让员工在不同的领域进行转换的原因。这是贝恩咨询公司的基本原则，也是我们获得成功的一大重要原因。只有当你有机会做其他事的时候，你的专业水平才有可能更上一层楼。”

加迪什很清楚，如果贝恩的咨询顾问们能够找到通向多元化思考的途径，他们便可以更好地为公司服务。这也是加迪什本人如此出类拔萃的原因。话虽如此，但想要培养交叉性思维的人不可能简单地指望组织给他们提供从事多元化工作的机会。每个人的命运都掌握在自己手里。在整个职业生涯中，我们如果能充分接触到不同的专业领域，就能够寻找更多的随机概念组合。科幻小说《沙丘》(*Dune*)的作者弗兰克·赫伯特(Frank Herbert)就是一个很好的例子。

第二次世界大战期间，赫伯特在美国海军担任特派摄影师。后来，他做过记者、编辑，并在西海岸的几家报社供职。不仅如此，他还当过电视节目摄像师、广播新闻评论员，甚至还为加州的政治家写过演讲稿。他还曾在越南和巴基斯坦担任过社会学与生态学研究顾问，在华盛顿大学担任“一般及交叉学科”这门课的讲师。然而，赫伯特并未止步于此。他还从事过打捞牡蛎的潜水员、相扑教练员、野外生存训练师等工作。1973年，赫伯特作为导演及摄影师，拍摄了电视节目《农夫》(*The Tillers*)。赫伯特的工作及研究领域甚广，包括地质学、心理学、航海学以及丛林植物学等。当然，他也是一位高产的科幻小说家。1986年去世前，赫伯特已出版了超过25部作品。

赫伯特的情况也许有些特殊。大概很少有人希望，甚至愿意过和他一样高产且变化万千的生活。尽管如此，赫伯特的经历依然是一个值得回味的例子，它很好地说明了职业生涯的多元化带来的交叉性思维。《沙丘》是许多人心中最优秀的科幻小说。这部小说及其续集把生态学、宗教、沙漠生存技巧、战争政治等高深的理论扭成一股绳，编织出一个扣人心弦的精彩故事。多种多样的职业经历，以及把各种知识融会贯通的本领帮助赫伯特形成了一条独特的故事线索，最终轰动文坛。

事实上，卓有成绩的创新者往往会同时展开几个相互关联的项目。他们根据当时最有利的情况，不断地在“事业网络”中抽身往返。托马斯·爱迪生与查尔斯·达尔文都会阅读多种杂志，而且能够把它们分门别类，与项目研究资料一同存档。他们会定期查看过去的笔记，反省做过的事情，重新考虑曾经的想法，包括那些当时未能解决的问题。虽然，他们是在用新的眼光看待过去的记录，但是他们可能在过去的情况与当前的难题之间发现联系，想出新的解决问题的方案。

第二节　擅于和不同类型的群体打交道

第二次世界大战期间，同盟军在与德国海军的战斗中屡屡失败。当德国潜艇发现一艘同盟军护卫舰，它就会向该水域附近的德国潜艇传送加密信号。收到信号的德国潜艇蜂拥而至，集结成一个名叫“狼群”的阵形，以此重创同盟军船只。德国海军的军事效率高得惊人。1940 年至 1941 年，德国海军每个月平均能击沉超过 50 艘船，造成超过 5 万同盟军的伤亡。

面对这样的袭击，同盟军毫无招架之力，因为他们无法破解德军的密码系统。这套密码是由恩尼格玛（Enigma）密码机生成的，它是世界上功能最强大的密码机。为了破解这套密码，英国情报部门组建了当时阵容最庞大的解码团队，将各路的密码专家聚集在一幢名为“布莱彻里公园”（Bletchely）维多利亚时代的公馆里。传统意义上的密码专家均来自语言学领域，但是这支队伍囊括了数学家、科学家、分类学家、国际象棋大师以及拼字游戏爱好者。这支由各路人员组成的团队在严格保密的状态下通力合作，最终破解了英格玛密码机的加密模式，同盟军的海战颓势自此一举逆转。

毫无疑问，一个多元组织里一个人更有可能出现独特的想法，就像布莱彻里公园的情况一样。我并非要将多元化的概念限制于“学科”之间。多元化的概念也适用于不同的性别、文化、种族、性向之间。一个多元化的组织应当允许不同观点、方法及思维方式的出现。人们早已证实，多元化能够有效增加概念组合的随机性。人们常常会把美国无可比拟的创新能力归功于多元化的人口构成。

亲身领教过多元化团队创新能力的人，总是习惯于尽可能地促成多元化的形成。史蒂夫·米勒（Steve Miller）就是如此。他是荷兰壳牌石油公司（Royal Dutch/Shell）的前首席执行官和董事长。米勒在谈到创新这个问题时，坚信多元化是促成创新的一个关键性元素。随着全球化的发展，对于壳牌石油公司这样的跨国公司而言，鼓励并尊重多元化是其必然选择。"一旦建立特殊的企业文化，将不同种族、文化、成长背景和国家的人汇聚到一起，你就可以从这种企业文化中获得很棒的想法。"米勒说，"你会发现，最好的想法总是出自多元化团队。这种多元化组合最终得出的成果绝不同于那些团队成员单打独斗得出的答案。"

与多元化团队共事是提高创造力的好方法。尽管这看上去是个不言自明的事实，人们却很少这样做。人们总是倾向于坚守自己的领域和学科，只与自己同族、同文化的人合作。米勒经常遇到这样的经理人，他们很清楚团队成员多元化将带来巨大的创造力，"因为你可以通过逻辑分析得出这个结论。"然而对于大多数人来说，要想从单纯理解这一层逻辑到主动把这种观点付诸实践，往往要经过很长时间的努力。米勒认为，如果人们能够亲身体验到一个多元化团队中蕴藏的力量，那么他们就能更容易地实现上述转化。因为一旦有过亲身体验，你就能真正知道这是有用的。

我们为什么对多元化团队的工作方式持保留态度？部分原因在于人类的天性。与自己相似的人凑在一起，远离与自己不同的人，是人类与生俱来的倾向。心理学家将这种倾向称为“同性相吸效应（Similar-Attraction Effect）”。来自纽约州立大学的唐·伯恩（Donn Byrne）是一位社会心理学家，也是这个领域的先驱。伯恩设计了一个针对这一现象的测试。测试方法是这样的：实验者要求一组大学生针对 26 个问题表明各自的态度。这些问题范围很广，包括婚前性行为、电视连续剧、学生与教授希望大麻制品合法化的要求等。研究人员收集答案后，这个实验看上去似乎结束了。

但两周后，参加上次测试的学生被告知，他们需要接受一项新的测试。这次实验的目的是调查人们是否能很好地判断其他人的行为。参加测试的学生每人拿到一张表格，表上列出了另一名接受测试者对于之前实验中的问题的态度。实验人员要求学生对表格中的实验对象进行评价。比如他们对于这个陌生人的态度，他们是否愿意与此人一同工作等。可事实上，表格中的实验对象其实是不存在的（这种测试方法叫作“虚拟陌生人”）。实验人员在准备表格的时候，杜撰了那些与接受测试的学生态度或相同或相反的“匿名人士”。这次实验结果证明，在每一种情况下，如果匿名人士所选择的立场与被测试学生选择的立场一致，那么该学生便会被匿名人士吸引。立场一致的情况下，学生们会对匿名人士抱有好感，愿意同其一起工作，并会在许多方面对其做出积极评价。

过去的经历告诉我们，人们总是会被和自己相似的人吸引。因此，这不是这个实验让人感到意外的地方，让人意外的是同性相吸效应的可预测性。伯恩博士发现，随着相同立场所占的比例增大，人们之间的吸引力也在增加。这种影响如此显而易见，以至于可以通过一个回归方程把二者之间的关系表现出来。

同性相吸效应可能会对多元化团队建设造成有害影响。举例来说，大多数人都认为他们在对求职者进行面试的时候表现得很好。有些人甚至声称，他们在求职者踏入大门的那一刻，就已经知道此人是否能胜任这份工作。“只要在这一行里干得久了，你也能一眼看出这些。”他们这样说。然而，这种以貌取人的说法与20世纪开始以来人类进行的几百次实验结果相悖。研究显示，无结构的求职面试并不能很好地起到招募英才的作用，并且这种面试不能让我们充分地了解求职人员的才能。造成这种问题的原因有很多：人们经常会在其他人身上寻找共同点，无论是主持面试者还是被面试者，都会迅速地寻找自己和对方的共同点。如果他们找到了共同点，双方会互相产生好感。由此造成的结果是，面试官们往往会招到与自己相似的人。之所以会这样，其实是主观偏见在起作用，特别是同性相吸效应。哪怕我们有意创造一个有利于创新的环境，招募不同类型的团队成员，但我们要克服的是千百万年来人类进化产生的天性。如果我们想要把自己的思考带到交叉点上，就必须坚持多元化。那么，我们究竟要怎样做？

斯坦福大学罗伯特·萨顿教授在其著作《管用的怪主意》（*Weird Ideas That Work*）中提出了促成多元化的一系列方法。他的第一个主意就是雇用那些让你感到不舒服，甚至讨厌的人。如果你仅仅因为“我喜欢她”或“他和我们是一类人”就想要雇用某个人，那么这同样可以成为你拒绝这位求职者的理由。因为这项工作和你的团队需要的是创意。请查看以下人员在整体人员中的占比：毕业于同一所大学，来自同一地区，就读同一专业，同出于一位老板门下等。萨顿教授还建议企业雇用他们用不上的人，至少是当前用不上的人。这个建议乍一听也许十分古怪，但如果这些人受雇不是为了重复原来的角色，他们更有可能为公司带来新的思维和创意。如果他们得到鼓励，获得参与感，他们将会在自己的技术与公司的需求之间发现交叉点。

人们常常忽略的一点是，以上建议调转过来同样成立。要深度思考，产生好的想法，你必须寻找一个能让你和不同于你的人一起工作的环境。换句话说，所有人都与你类似的地方一定会禁锢你的思考和创造力。一个组织之所以吸引你，是因为组织里的每个人都用和你一样的方式看待世界（无论左脑思维、右脑思维、艺术气质、经济头脑之类，或者任何其他标准都类似），想想这种情况对你能有何益处？最大的可能是，你最终会和一群与你的思维、行为都相同的人一同工作。

即便组织中出现了对多元化加以利用的绝佳机会，人们也常常与这样的机会失之交臂。约翰·多诺霍，也就是第1章中提到的布朗大学脑科学研究项目主任，认为大学里开放且相互联系的环境是他们成功的关键。但是他也见证了其他人建立这种环境时面临的困难："我去参观其他实验室时，经常会看到他们走廊的隔壁就是另一个研究团队。我总是对这样的安排大加称赞。两支团队离得这么近，一定可以经常聚在一起交流想法，但是我得到的回答却经常是，'聚在一起？我甚至不认识大厅那边的人。'这让我感到万分惊讶，因为在我看来，互相接触是实现成功的关键。"

我们不得不承认，多元化并不是一个能够轻易得到重视的建议。我们之所以喜欢与同类人接触，除了基因影响，还有一个原因，那就是和这些人相处会让我们觉得顺心。雇用与我们不同类型的员工也许会招来麻烦，引发争吵，产生负面的气氛。把专业知识、文化背景、思维方式、价值观和立场迥异的人召集在一起，与组织一支具有创新能力的队伍其实是两码事。除非管理得当，否则一个问题堆积成山的组织所释放出来的能量会让你感到处处不顺。

所以，面对冲突，抛开个人情感是很重要的。人们必须勇于向组织中的其他成员提出不同意见，但一定要有理有据。如果提出的异议得不到详尽阐述，这种异议也许会让人们感觉自己被无端地针对。其次，维护开放的环境，让所有观点都能被听到，这同样至关重要。团队领导者们也许会有意无意地限制团队成员的各种想法。然而为了达到最佳的效果，我们需要尽可能地对各种想法进行随机组合。一支能够自由地交流、结合各自想法的多元化团队恰巧能做到这一点。

第三节　不断提升自己的联想能力

想要产生多元思维，我们必须增加随机组合产生的机会。正如弗兰克·赫伯特和奥里特·加迪什的例子所显示的，职业多元化能增加这种机会。同样，就像破解恩尼格玛密码机的专家团队以及壳牌公司的多样化团队那样，当我们与身份背景、态度立场、文化背景不同的人交流时，随机组合也会增加。这两种策略都是通过多元化来提高不同概念之间的随机组合出现的次数。然而有没有可能，当我们需要随机组合时，这种心理过程便可以自动浮现出来？

如果说增加随机组合出现的次数是产生多元多元化思考的核心，那么自觉地把随机概念引入我们的思考模式中，就是十分正确的做法。这个建议看起来可能有些奇怪，因为我们几乎不会采用随机的方式做任何一件事。举例来说，你想让电讯通信更通畅，却去研究与蚂蚁觅食行为有关的问题，就可能被认为是一种荒唐的做法，因为后者与通信问题八竿子打不着。虽说这样的做法有悖直觉，但它究竟有没有可能产生出一个了不起的、有实际意义的、创新的想法？

这其实是有可能的。你将在后文中看到蚂蚁和通信之间的关系。无论是学术研究还是大量奇闻逸事都清楚地表明，将随机性概念引入我们的思维当中是有好处的。我把这种有意寻找不寻常的概念组合的行为，称为“交叉点狩猎”。然而令人感到不可思议的是，这种方法本身其实是有固定结构的。

猎取交叉点意味着你要在最让人意想不到的地方寻找联系，然后看这些联系会把你领向何方。比如，当埃德加·爱伦·坡[①]

① 埃德加·爱伦·坡（Edgar Allan Poe）（1809　1849 年），19 世纪美国诗人、小说家和文学评论家，美国浪漫主义思潮时期的重要成员。

（Edgar Allan Poe）为他的下一部小说构思情节时，他会从词典中随机挑出两到三个词，并尝试把它们连在一起。如果能够成功，他将开始写作，否则，他会继续挑出三个词语，再做一次尝试。我在前一章提到的迈克尔·米哈尔科向我介绍了另一种猎取交叉点的方法，他把这种方法称为“思维漫步”。

如果正在研究某个特定的问题，或者刚刚开始构思一种想法，你便可以进行思维漫步，以增加概念随机组合出现的机会。你可以带着想法在办公室内、停车场里或者大街上踱步。其间，你可以购物，或者随意记下一些东西，如鱼竿、饮水机、香水瓶、水仙花等。不要选择那些与你正在研究的问题和构思的创意有关联的东西。因为那样的话，你的概念组合方式就不会是随机的，而是有意为之。你可以选择一些无明显联系的东西，并且你的任务就是在这些看似不相关的东西之间寻找联系。

结束漫步的时候，你可以写下你在思维漫步的途中记下的每个词或是想到的每样东西的特征。比如，“图画”这个词可能包含各种不同特征。首先，它是用某种介质制作而成，例如油质颜料、水彩颜料、电脑或者铅笔。其次，它可大可小，通常挂在墙上。它可以成为收藏家的藏品，也可能被博物馆收入馆中。这些都是图画的特征。接下来，请试着在这些特征以及你所研究的问题之间建立一些联系。这个过程中产生的想法极有可能成为解决问题所需的独特灵感。对此，米哈尔科给出了一个成功案例：

几个月以前，一群工程师想要找到在暴雪季节安全、有效地去除电线杆上冰块的方法，但是进展得非常不顺利，于是他们决定沿着旅馆来一段“思维漫步”。其中，一位工程师在礼品店买了一罐蜂蜜，他建议在每根电线杆顶部放一罐蜂蜜。按照他的想法，电线杆上的蜂蜜也许会把熊引来。为了获取蜂蜜，熊会攀爬电线杆。这样就能让电线杆摇晃起来，把上面结的冰摇晃下来。这条思路让他们想到从震动原理入手。他们叫来直升机，使其在电线杆上方盘旋。直升机盘旋产生的震动成功地把冰块从电线杆上震了下来。

任何能够让人随机产生灵感的对象，都是交叉点狩猎活动的目标。你可以在工作间隙掏出便签，在上面试着找出平日里随机观察到的东西与你手头工作之间的联系。假以时日，只要运气好的话，你就有可能发现一个概念，由此触发非凡灵感。再比如，临上飞机前，你可以买一些平常不会读的杂志，翻到其中一页，试着找出这页内容与你开展的工作之间的关系。如果你实在找不出二者的联系，或者这种联系看起来太不靠谱，那就跳过这一页。但是不要把时间浪费在与你处理的问题有明显关联的页面上。还有一个例子，如果你正在写一本旅游指南，你不妨在烹饪书里找找灵感。反之，下次当你准备做一顿大餐时，可以在旅游指南中找灵感。无论用哪种方法，你都增加了在不同领域之间找到隐秘相通点的机会。找到交叉点之后，你便可以由此出发，获得令人不可思议的想法。

无论我们接受与否，创新过程都是由不同概念的随机组合构成的。经常实现突破的个人或团体都很清楚这一点，因此它们会努力扩大寻找多元化思考的机会。为了扩大这一机会，他们会把多元化的方式引入职业、团体及各自的特殊经历中。这个方法对于理查德·加菲尔德来说是管用的。威世智公司还在继续扩展它的卡牌收集游戏产业，但是理查德·加菲尔德早已大步迈向下一个交叉点。“我一直在思考如何把老的想法重新编排，好让它们派上用场。这项任务任重道远。”加菲尔德这样说，“所以我现在正在研究许多不同的学科，想办法把这些学科结合在一起，由此创造出一种新的游戏。”当然，这必须是一种前所未有，而且十分特别的游戏。

到目前为止，我们所提到的故事与策略都是为了帮助你寻找不同领域之间的交叉地带。立足于交叉点，你将有更大的可能性在最不经意的地方找到概念的结合点。但值得注意的是，这种现象本身并不能解释清楚交叉点能够带来创意大爆发。

第五章　占领多元思考的创新至高点

那是 1982 年一个宁静的晚上。高产的发明家、工程师哈肯·朗斯（Håkan Lans）与太太英格（Inga）已经驾着帆船在斯德哥尔摩大小错落的岛屿间穿梭了好几天，在难得一见的好天气下悠闲地徜徉。临近黄昏时，朗斯夫妇驶向一座小岛，并决定在岛上安静地散散步。朗斯先生一口气爬到小岛的最高点，然后坐下休息了一会儿。

直到此次航行前，朗斯都一直记挂着一个复杂的难题。一年多以前，他了解到美军有一种最新的全球定位系统（global positioning system, GPS）。这是一种由人造卫星组整列组成的系统，可帮助军方进行陆地定位及海洋定位。今天，GPS 已广泛运用于商业——从追踪被盗车辆，到定位失踪儿童。但是那时候，GPS 对人们来说还是完全陌生的东西。

GPS 当时主要被用作军用，但朗斯已经意识到它可以有其他用处。它可以作为一个更大技术系统的组成部分，增加飞机、轮船行驶的安全性。他设想了一套系统，在这套系统中，每架飞机都能与其他飞机实现协调，而不用依靠价格昂贵又故障频出的雷达站。朗斯设想的这套系统如果能成功运作，不仅能节省数十亿美金，挽救生命，还能给日益拥挤的飞机跑道腾出空间。

朗斯所面临的唯一问题是，这个计划根本不可能实现，朗斯需要面对一个不可逾越的物理极限。为了让这个想法成为现实，所有的飞机实际上都必须能在同一时间与附近的飞行物进行无线通信并通报自己所处的位置。今天，有一种叫多址联接方式（TDMA）的技术条件可以做到这一点，但不幸的是，这种技术当时还远未成熟。

要想更好地理解这一技术的局限性，你可以想象成千上万人齐声呼喊的样子。他们的声音会迅速被淹没。此情此景，就像是动物们清晨在雨林中七嘴八舌地“交谈”。正因为如此，朗斯那套系统变得毫无用处。

坐在岛屿的山顶上，远离计算机和现代技术，有关导航系统中的问题一下子变得集中了起来。俯瞰波光粼粼的大海，朗斯突然冒出一个主意：假设一架飞机只有在接近另一架飞机时才会发出信号，报告自己的所在位置，情况又会如何？毕竟，那不正是飞机有可能发生碰撞的时刻吗？难道那时就腾不出一丁点时间，可以让飞机从容不迫地通信？“这也许是有可能的。”他暗自对自己说。这也许是有可能的……

朗斯告诉我，他当时连呼吸都变慢了，感觉整个世界都停了下来。他激动得发抖，脑中的思维点一个个地扣在了一起，一整幅蓝图在他的眼前缓缓地展开。朗斯起身朝帆船奔去，是时候回去工作了！

第一节　想法的数量与质量

成功的发明家身上到底有没有什么共同特点？有没有一种东西能比其他东西更真实地反映出那些具有开创新思维的人的本质？事实上真的有，那就是：最成功的发明家的想法和创意其实多到让人难以置信的地步。

事实上，新想法的数量与质量之间有着最强的相关性。只要仔细分析一下新产品、新歌、新书、新发布的科学论文、不断涌现的策略和想法的数量，你就能发现，在任何领域，创意的“数量所有权”都不是平均分配的。通常情况下，任何领域当中 50% 的创造成果都是由 10% 的创新者得出的。一些有创造力的个人或团队能想出比其他人或团队多出十倍、百倍甚至上千倍的创意。不仅如此，那些取得最多创造成果的人同时也是最具创造力的人物。这种现象从古至今都是一样的。毕加索创作了 2 万件艺术品，爱因斯坦写出了超过 240 篇论文，巴赫每周都能创造一部声乐曲，爱迪生申请了 1 039 项专利。今天，除了大量原创作品，歌手王子（Prince）还私藏了 1 000 首未公开的创作歌曲，创业家理查德·布兰森创办的公司多达 250 余家。

让我们再看看最有潜力获得诺贝尔文学奖的文学家乔伊斯·卡罗尔·欧茨（Joyce Carol Oates）。1964 年，欧茨出版了她的第一部小说，此后便一发不可收拾。之后的大约 12 年间，欧茨一共出版了 45 部小说、29 本故事集、8 本诗集、5 部剧本、9 本散文集和 16 卷作品选。对欧茨而言，写故事就像写贺卡一样简单。这就是我所说的具有创造力的人。

那么，这些人为何能如此具有创造力？这背后的原因与我们所说的交叉点有没有什么联系？本章就要对这两个问题做出回答。这两个问题的背后也解释了交叉点为何隐藏着强大的力量。答案就在于：不同领域、文化以及学科之间的交叉点必然会产生“独特思想”的组合，而且这种组合的数量十分庞大。因此，在寻找问题的正确答案时，立足于交叉点的人总是能捕捉到更多的想法。

事实上，在探索“交叉点”这个概念期间，我所遇到的每个人和组织都强调，人们必须尝试各种各样的想法，这样才能从中获得开创性的点子。在这个问题上，恐怕再也没有人能比哈肯·朗斯更有说服力。尽管在此之前,你从未听说过他的名字,但这不会影响他跻身于我们这个时代最高产、最成功的创新者之中。

第二节　想法新颖的创新者们

哈肯·朗斯最让我感到吃惊的是他谦卑的品质。他过着简朴的生活，与他能够达到的生活水平相差甚远。朗斯居住的房屋挺不错，但绝对算不上奢华气派，他开的车也不是什么豪车。朗斯不愿引人注目，可他显然也不是生性害羞的人。一旦他打开话匣子，便可以就任何话题滔滔不绝地说上几小时。

第二件让我惊讶的事情是，朗斯与本书里提到的大多数人不一样。他几乎一辈子都不曾离开自己生长的地方，一座离斯德哥尔摩不远的城市。那么，朗斯是如何打破自己的联想壁垒的？方法很简单，那就是尝试不同的学习方式。事实上，他自学了工程技术专业几乎每一个领域。朗斯主动在他学习过的领域中寻找交叉点，并把自己的成功归功于这一点。时至今日，朗斯已成为瑞典最负盛名的科学家之一，可他甚至连一个正式的博士学位都没有。他成功的秘密究竟是什么？他是怎样取得这一切成绩的？

关于朗斯谦卑的品质，我们先按下不表。朗斯的人生经历仿佛是一部侦探小说，包含国际间谍、险象环生的法院审判，专利被窃取等曲折情节。他单枪匹马，向包括日立公司在内的大企业提起版权诉讼，向包括联合国及欧盟在内的国际组织发起挑战。不仅如此，他还是一个十分有想法的人。

朗斯最了不起的创造大概要数时分多址技术（STDMA），这个野心勃勃的计划耗费了朗斯许多年的努力，而且是全凭一己之力实现的。这套系统已经成为当今世界航空及航海导航的标准。然而，这仅仅是朗斯孜孜不倦地寻找交叉点的一个例子。这个例子所涉及的领域包括各种类型的交通工具、计算机和工程技术等。

朗斯作为发明家的经历，最早可以追溯到他的孩提时代，这个经历和前文提到的领域也有关系。“那是一个春天，所有的孩子都在组装货车，而且都想要尽可能地完成这项任务。”朗斯回忆道。朗斯从小就特立独行，他没有像其他孩子一样简单地把车组装起来。“我想要把摩托车的引擎装到货车上。但是这很困难，需要花很长时间。别的孩子都已经完成了组装工作，纷纷开始比赛。我却遭到了他们的奚落，因为我一辆车也没组装出来。”

一天早晨，朗斯终于把摩托车的引擎装到了货车上 。他发动车辆，并把它开到学校里。他把车停在学校大门口，并让引擎保持发动状态。学校里的孩子们都围了过来，目瞪口呆地望着这辆车。“我把发动机熄火，下了车，径直走进教室。这种感觉简直棒极了，那种骄傲帮我建立起信心，让我相信自己未来一定能成为一名成功的发明家。”朗斯如是说。

朗斯年轻时还组装过火箭。火箭成功飞上了天，却爆炸了。他还曾把自家的厨房给炸飞了。17 岁的时候，朗斯决定造一艘潜水艇，但他身无分文，所以他想方设法拉来了一批赞助。他从一家公司找来一块钢板，找人帮他把钢板锻造成形，再找到另一批人帮他安装玻璃。这一切都是朗斯精心设计好的。他从医生那里学来了人工呼吸的知识，然后为潜艇设计了一整套救生系统。朗斯把这艘潜艇命名为“黄色潜艇”。黄色潜艇刚完工，朗斯便乘着它完成了一次 60 分钟的潜航，而且下潜到很深的地方。刚满 18 岁的时候，朗斯就成功让他那台小小的黄色“自制容器”下潜到 330 英尺（约 100.6 米）的水底。而当时整个瑞典海军也只有 5 艘潜艇。

朗斯时常展现出能把不同领域的不同概念相结合的杰出能力。彩色电视刚刚进入瑞典市场时，朗斯就想到计算机显示器也应当能显示色彩。当然，谁也不知道朗斯在说什么，那时候几乎没人知道“电脑”是何物。这种眼光促使他在 20 世纪 80

年代制造出一种能够在电脑上绘制彩色图形的芯片。这项发明的影响不容小觑。那时候，几乎每一台计算机的彩色显示器里都安装了这种芯片。

同样的例子简直是数不胜数。朗斯利用空闲时间重新设计了飞机的座舱。提到飞行员使用的仪表盘时，他这样说道，“它看上去就像一家钟表店。”这种仪表盘能把飞机的所有基本信息都显示在一块便于观察的屏幕上。在职业生涯早期，朗斯需要一台昂贵的电子绘图板，可是他买不起。与其买一台又大又笨的设备，他还不如自制一支能连接电脑的电子绘图笔。与绘图板相比，绘图笔更加轻巧，也高效得多。这项发明后来演变为世界上第一只能够在计算机屏幕上绘制曲线的鼠标。这项发明在道格拉斯·恩格尔巴特（Douglas Engelbart）发明的一代鼠标基础上，实现了巨大突破（后者被恩格尔巴特卖给德州仪器公司）。短短数年间，朗斯发展了计算机技术、水下声呐技术、密码调制调解器、脉冲发生器……这个清单似乎可以无尽地延展下去。为了好玩，朗斯还自制了一台飞机，它后来成了检验时分多址技术的测试飞机。

朗斯自始至终没有把自己看作一个普通的研究人员。“我在最基本的科学发现中寻找拼图碎片，再把这些碎片拼在一起。”他说。这些碎片帮助朗斯产生无数想法。他从中挑选出最有可能成功的想法，然后把它们变成现实。

朗斯有着超越常人的想象力。他成功创造了几项足以改变世界的发明，并成功使它们得以应用。他常常把不同的技术结合起来，产生新的应用，并且对这样的结合抱有极大热情。这些都是朗斯独特的地方。然而，他还有一个品质，是站在思维的交叉点上每一个人、每一个团体共同具备的。朗斯脑子里的想法多到让人难以置信，更可贵的是，他始终坚持不懈地萃取其中最优秀的部分。这就是他成功的秘诀。

第三节 成功的创新人士是怎样产生海量想法的——良性循环

成功的创新人士是怎样产生海量想法的？常见的答案是，这些人实现了“良性循环”。过去的成功为未来的突破埋下了种子，并带来更多机会。比如，一些企业家在交叉点创新方面取得了一定的成绩，那么他们很有可能赢得投资者的青睐。投资者们将更有可能为他们的下一次冒险提供资助。同样的情况还适用于科学家与艺术家。一位写出过优秀博士论文的研究者更有可能进入名声赫赫、师资力量雄厚的机构，收获更强大的人际关系，从而更有机会得到研究资助。所有这一切都会进一步巩固“良性循环”，导致优秀的论文与想法越来越多。这样的解释不无道理。对于单向创新来说，情况极有可能是这样的。然而对于交叉性创新来说，这种解释忽略了两个基本事实。

第一个事实是，创造的过程是随机的。这种随机性表明，过去的成功未必能带来未来的突破。无论是过去还是未来的创造性突破，均依赖于随机因素。

第二个事实是，实现突破性思维创新的人同时也产生了大量毫无意义的想法。莫扎特、巴赫、贝多芬所流传下的曲目仅占他们创作的全部作品的35%。我们只看见了毕加索全部作品中很少的一部分。爱因斯坦所著的大部分论文，如今也不再有人引用参考。许多世界知名作家曾写过许多粗劣糟糕的作品；许多才华横溢的导演也执导过毫无创意的烂片；有过卓越成绩的企业巨头也有过失败的投资；站在学科前沿的科学家，也发表过在同行之间无法引起任何波澜的论文。比如，查尔斯·达尔文，他提出进化论后，还提出了一种完全错误的理论，也就是所谓的“泛生说”。按照这种说法，后天获得的机体特征也可以遗传给后代，如发达的肌肉。再看看萨巴尔·巴希亚（Sabeer Bathia）的例子，他创立的Hotmail邮箱之所以能获得成功，是因为巴希亚在电子邮件服务中加入了具有市场机制的创新点——电子邮件的自动群发功能。巴希亚的下一次冒险是创立在线服务市场——Arzoo。这家公司虽然包含了巴希亚的许多创新思想，最终却走向没落。很显然，一次创新成功并不能确保另一次成功。

所以这到底是怎么回事？为什么成功的思维创新者都是“大规模生产者”？来自加利福尼亚大学的心理学家迪恩·西蒙顿（Dean Simonton）在其著作《天才的源泉》（*Origins of Genius*）中解释了产出与成功的关系。西蒙顿表示，思维创新者不是由于获得成功而实现产出，而是因为有产出所以成功。新颖想法数量上的大幅提高，最终必然导致思想质量的提高。

基于创造力的随机属性，这种说法有一定逻辑。既然交叉性思维是不同概念随机结合产生的结果，那也就意味着这种结合越随机，越有可能产生出乎意料的想法。西蒙顿将这套理论拓展到逻辑推理之外的范围。他想证明这套理论在现实情况下是否管用。

西蒙顿把他的研究重点放在科学家们创意成果的数量与质量的关系上。当一位科学家发表一篇论文，衡量论文质量的最可靠的方法就是看有多少科学家援引这篇论文的内容。如果许多科学家引用某一篇论文，那这篇论文极有可能产生重大影响，甚至有可能开创一个新的领域。绝大多数科学论文很少被引用，但是极少数有突破性研究成果的论文，被众多科学家反复引用。

西蒙顿证实了数量与质量之间确实存在着某种联系。比如，一位科学家发表论文的数量与这位科学家最常被引用的前三部作品之间，有一定相关性。换句话说，要想知道谁写出过具有开创意义的科学论文，最好的办法就是看谁发表的论文数量最多。你可以用 100 多种不同的方法对其进行论证，但得出的结果都是一样。只要看一看某位 19 世纪的科学家论文参考文献的长度，就能猜测这位科学家今天的知名度。要想预测谁更有可能获得殊荣，比如，诺贝尔奖，最好的方法就是数一数此人发表论文的数量。事实上，要想预测一个人是否能提出被世人认可的方案，最好的方法就是看这个人提出有价值方案的总数。

西蒙顿接下来做的事情引起了不小的争议。他研究了几位科学家的职业生涯。如果“良性循环”理论是成立的，那么当一位科学家发表了一篇优秀的论文后，他接下来的论文将会写得越来越好。但是人们事实上不会这样认为。科学家们写出有突破性意义论文的时间点是随机的。但是当他们发表的论文达到一定数量后，写出优秀论文的概率将会大大提高。科学家们最有可能创造出最好的作品，取得了不起贡献的时候，事实上也是他们最高产的时刻。碰巧的是，这个时间段也是他们最有可能写出研究生涯中最差论文的时候。考虑到思考创意活动的随机本质，这样的结果倒不会让人意外。

西蒙顿还发现，质量与数量的关系理论同样适用于艺术家。

以古典乐作曲家为例，他们往往是在废弃了大量不成功的作品后才创造出最伟大的杰作。一个人曾经产生过一次有创新意义的想法，不代表此人获得另一次创新的机会更大。相反，破除这一限制的最好方法就是不断地产生新想法，这就是创新认知为何如此多产的原因。

多元化思考点上的爆发

为什么不同学科、不同文化的交叉点对于人类的创造性思考是充满生机的土壤？在前两章中，我们提到的一个理由是，交叉点增加了想法奏效的概率。这是由于交叉点使得不同领域的不同概念汇集到一起，前文提到的万智牌例子就是这种情况。然而，实际上还有一种更加有力的原因。当你把两个不同领域的概念联系到一起，你会让独特概念的组合实现指数级增长，实现真正意义上的思考大爆发。简而言之，假如多产是实现创新的最佳策略，那么交叉点就是孕育创意的最好温床。接下来的故事会告诉你这是为什么。

理查德·布兰森（Richard Branson）是大名鼎鼎的维珍集团创始人，他是在 1971 年收获好运的。考虑到布兰森超凡的人格魅力，他或早或迟都能创造出维珍集团这样的企业，只是方法不同而已。然而正如刚才提到的，要想实现突破，人们需要一点运气。而布兰森的运气就是他遇到了腼腆害羞的嬉皮士少年——迈克·欧菲尔德(Mike Oldfield)。事实证明，欧菲尔德有一些关于音乐的新奇古怪的想法，而布兰森想要成立一家创纪录的唱片公司。从他们敲定合作关系的那一刻开始，腼腆的少年就注定要跻身大不列颠最负盛名的音乐家之列。那张让他们两人事业腾飞的专辑叫作《管钟》（Tubular Bells）。

因为布兰森缺少推广经费，这张专辑刚发行之初，销量可谓惨淡。然而仅仅通过口口相传，这张专辑逐渐被越来越多的人知道。大约一年后，《管钟》已经攀升到英国各大音乐榜单的榜首，而且在榜首盘踞了长达 15 个月之久。迄今为止，《管钟》已在全球范围内累积售出了 1 600 万张，而且每年依然能售出大约 10 万张。

考虑到《管钟》有别于在它之前的所有音乐专辑，它所取得的成绩似乎更加了不起。这张专辑破天荒地把摇滚乐和古典音乐结合在一起。欧菲尔德把这两种音乐结合得很深，绝非是摇滚乐队演奏古典曲目或交响乐队演奏流行乐那么简单。《管钟》站在了两个领域的交叉点上，把同时出现在这两个领域的多种音乐元素结合了起来。那么话说回来，这两个领域的交叉点上到底发生了什么？

假如今年是1973年，也就是欧菲尔德发行《管钟》的年份，而你是一位摇滚乐家，正巧想要尝试一种新的音乐形式。应对挑战的一种方法是将构成一首摇滚乐曲的各种元素进行分解，再以不同的方式将其重组。尽管存在着许多变化与概念，在下面的例子中，我们只考虑定义摇滚音乐的三组元素：乐器、音乐结构与发声方法。

乐器：早期的摇滚乐是一种严格按照所使用的乐器进行区分的音乐形式。一支乐队通常包括吉他、鼓和贝斯。其他乐器偶尔也会加入进来，如萨克斯风和钢琴。但经典的乐队通常非常简单。在这里，我们假定一般情况下的摇滚乐作曲家会使用四种乐器组合进行创作。

音乐结构：摇滚乐的音乐结构有着严格的限制。摇滚乐的和弦数相对较少，而且几乎每一首都是由两到三个段落组成，中间夹带副歌。我们假定，共有12种不同的音乐结构供作曲家选择。

发声方法：与上述情形不同，摇滚乐使用各种形式的发声概念。摇滚歌手的嗓音可以嘶哑、尖锐、有力、微弱、柔和、深情等。摇滚歌手们甚至不一定非得知道怎样唱歌。鲍勃·迪伦（Bob Dylan）就是如此，但这并不妨碍他成为我们这个世界上最伟大的艺术家之一。

让我们假设摇滚乐手有 50 种可选择的发声方式。那么根据上文提到的变量，一个摇滚乐作曲家究竟可以创造出多少种组合形式呢？也就是说，如果作曲家可以将不同的乐器、音乐结构与发声方法相结合，总共可以产生多少种组合？只要将几组变量简单相乘，我们就能得出结论。创作新曲时，一个摇滚乐作曲家可以得到 4×12×50，也就是 2 400 种组合。音乐家们不一定会主动把这些音乐元素相结合，但是这一过程会在音乐家构思新乐曲的过程中发挥潜在的作用。

现在，再让我们看看古典乐作曲家是什么情况。他们有一套完全不同的可选择方案。

乐器：古典乐作曲家可选择的乐器五花八门。以交响乐为例，这种音乐形式可使用的乐器包括小提琴、喇叭、长笛、竖琴、铜锣、鼓等。让我们假设古典乐作曲家有 30 种可选择的乐器。

音乐结构：与摇滚乐作曲家相比，古典乐作曲家在音乐结构方面有着更多的选择余地。古典乐不需要过多重复，因此显得更加流畅。每个小节的长度变化较大，有些小节甚至超过 30 分钟。从这个例子来看，我们先假定古典乐作曲家可以在 40 种音乐结构中做出选择。

发声方式：古典乐的发声方式十分有限。严格地说，交响乐是不需要歌唱的。在其他形式的古典乐中，歌唱往往是以合唱形式为主。我们可以假设古典乐有两种可选择的发声方式。

如果按照刚才计算摇滚乐组合方式的方法来算，就不难发现古典乐作曲家在创作新乐曲时，一共有 30×40×2，也就是 2 400 种可选择的方式。实际操作时的选择数量比案例当中给出的多得多。但是无论如何，这个例子真实地反映了摇滚音乐与古典音乐在创作元素方面存在着差别。

由此，可以看出这项假设所表达的关键：如果一个人同时掌握摇滚乐与古典乐的知识，但是把它们视为相互独立的领域，那么在寻找新的音乐灵感时，他只能从 2 400 种组合中做出选择。如果他像欧菲尔德在《管钟》里所做的，打破两个领域间的联想壁垒，情况又会是怎样？由于作曲家可以把不同领域的想法自由地重组，由此能获得的概念组合总数将急剧增加。事实正是如此。实际上，这一数字获得了指数级的增长如图 7-1 所示。作曲家将会得到 2 400×2 400 种概念组合的方法，这几乎等于产生了近 600 万个新想法，准确地说是 5 760 000 个。

这个数字看起来大得夸张，事实也是如此。打破思维的联想壁垒，踏进不同领域的交叉点，我们可以让有效的思想组合的数量剧增，远超过我们在某个单一领域里能获得的数量。

这就解释了为什么多元化的团队比单一群体更有创造力，

也说明了为什么多样化的职业经历能极大地增加创造性思维的数量。多领域的交叉点，不仅为大相径庭的想法提供了完美的汇聚场所，同时，还使无数不同的想法汇聚在一起成为可能。

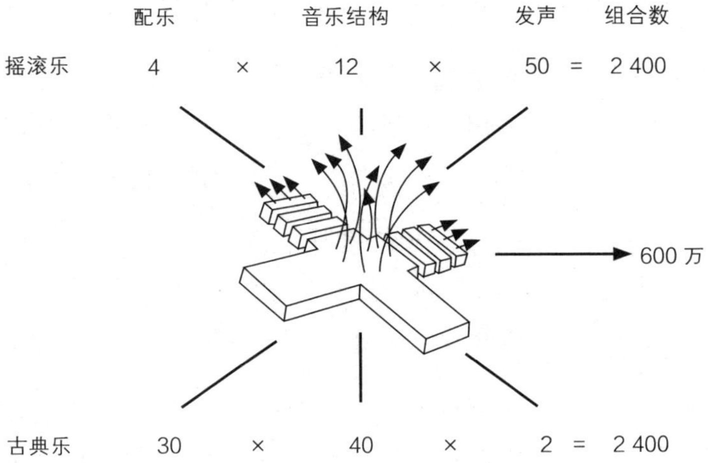

图 7–1　概念组合数以几何级数递增

迈克·欧菲尔德那无穷无尽、独一无二、妙趣横生的音乐灵感源泉在于，他一直与交叉点休戚与共。吉他是欧菲尔德最主要的乐器，但他在《管钟》里用到了超过 20 种乐器。至于歌喉，欧菲尔德在这张专辑中几乎没怎么展示，仅仅在“《皮尔当人》

（*Piltdown Men*）”一曲中小露一手。据说，这首歌是他灌下半瓶威士忌以后录制的。不过在这张唱片之后，声音在唱片专辑中变得越来越重要。

迈克·欧菲尔德的朋友，大卫·贝德福德（David Bedford）后来为他录制了改编成管弦乐形式的《管钟》。这张专辑发行数年后，贝德福德如此评价道：“迈克·欧菲尔德之所以在摇滚圈中脱颖而出，是因为只有他的音乐具备合乎逻辑的结构，而且他的音乐能把人们带进古典音乐的意境中。假如他投身于古典乐，他的音乐多半会有摇滚乐的感觉。他的整个音乐背景都是摇滚范儿，这一点从他的每一部作品中都能看得出来。”

摇滚乐与古典乐的交叉点（正如后来出现的民谣与电子乐交叉）为迈克·欧菲尔德提供了一生都能受用的素材组合。就像马库斯·萨缪尔逊所创造出的新菜谱有时那么出人意表一样，迈克·欧菲尔德的音乐组合也让人感到难以置信。比如，《奥玛》（*Ommadawn*）被公认为欧菲尔德最好的一张专辑。在这张专辑的一个片段里，他用到了电子布祖基琴、风笛和吉他。在另一个片段中，他把电子吉他的声音叠录了64次，所产生的效果仿佛是64位吉他手一同演奏同一部音乐作品。这一部分的处理方法类似于古典乐作曲家所用的方法。这种组合十分奏效，而且大获成功。

在交叉点上引发的思维爆炸，让创新者们有可能产生出如此多的伟大想法。交叉点为他们带来得天独厚的优势。就拿迈克·欧菲尔德来说，《管钟》之后，他的创作一发不可收拾。到千禧年时，他已经发行了 25 张音乐专辑，而且丝毫没有要停下来的迹象。有些专辑的销量一败涂地，但还有一些却售出了数百万张。无论是哪一种情况，它们都是思维爆炸的产物。

第六章 想要得到一个好主意，最好的方法是先想出很多的主意

曾摘得诺贝尔化学奖与和平奖两项桂冠的著名学者莱纳斯·鲍林（Linus Pauling）说过："想要得到一个好主意，最好的方法是先想出很多的主意。"正如我们在上个章节中提到的，交叉点上概念组合的爆炸将会带来众多潜在的突破性思维。而你要做的就是抓住这些想法。然而，这不是个自发的过程。你有可能接触到这些想法并不意味着你已经触摸到了它们。那么，我们如何能够抓住存在于交叉点上的无数机会？至少有了种可行的办法：

1. 在深度与广度之间寻找平衡；
2. 主动地产生更多的想法；
3. 让时间来检验。

第一节 思考的深度与广度

关于交叉点，有一些数学方面的趣事。那就是即便你只了

解音乐的部分概念，无论是与摇滚乐相关还是与古典乐相关（以我们在上一章节中提到的例子为例），你依然能在这场游戏中遥遥领先。如果 2 400 乘 600，你便能得到 1 440 000 种概念组合。这可是一个十分惊人的数字！尽管这个数字令人备受鼓舞，但这里头似乎总有些奇怪。如果我们把思想大爆炸推到极致，那么对几百种领域都一知半解，也好过仅仅是一个领域的权威。假设你了解 50 个领域中的 100 种概念，并且能够对这些概念进行自由组合，那么从理论上讲，你能够获得概念组合的数量也许比宇宙中原子的数量还要多，没有人能有那样的创新思维能力。

事情之所以不按照这种方式继续，是因为我们必须在知识的深度与广度之间寻求平衡，最大化地实现我们的思维潜能。正如我们所见到的，过多的专业知识会增强各领域之间的联想壁垒。话虽如此，但专业知识显然是有必要的，至少在产生一种新想法的时候。如果你连一段最简单的曲调都演奏不出来，就别想着带给摇滚乐什么颠覆性的改变。一家生物科技公司要是对生物技术的基本知识都缺乏了解，又怎么能研制出新的药品？那么，要想完美地引爆思维和创新想法，我们到底需要多少专业知识？

一种能够同时拓展知识的深度与广度的方法，就是和那些与你有不同知识结构的人共事。正如第6章中提到的，与和你来自不同领域的人一同工作，是找到交叉点的最好方法。当然，这里指的是这些人能够成功地打破学科间联想壁垒的情形。事实上，这种方法也是人们构思新想法时最常使用的方法。但是这种方法对于个人来说，是如何起作用的？迈克·欧菲尔德这样的人是怎样在知识的深度与广度之间找到平衡的？一个人要对某个特定领域的知识掌握到哪种程度，才能有效地将这个领域的知识与其他领域的知识结合在一起？

我遇见的一些人为我提供了一点线索。大多数人都是掌握了某个领域的知识以后，才大胆地向另一个领域出击。我所指的不是什么世界领先的专业知识，而是那种足以够得上核心竞争力的知识。布朗大学脑科学研究小组的米亚尔·泽鲁亚曾经说过："无论其他人怎样看待他，他至少能够很好地教授神经学大学二年级的课程。"奥里特·加迪什也曾强调："尽管贝恩公司的员工可以在不同的业务之间进行转换，但是大多数人都熟练掌握了某个特定领域的专业知识。"迈克·欧菲尔德的每一张专辑中都透露着他对吉他的热爱，而马库斯·萨缪尔逊的职业生涯也是从烹饪传统瑞典食物开始的。尽管人们不需要先在某个领域中有所长之后再进入交叉多元领域，但这样做是非常有帮助的。

一个精通多领域知识，而且能够打破各领域间壁垒的人，会接触到更多的概念组合。然而，这样的人也面临着一个巨大的问题。与其他人相比，他们更难理解怎样才能让交叉想法产生，以及交叉想法是否有可能产生。一个人有能力把摇滚乐和古典乐结合在一起是一回事，能够真正达成目标又是另一回事。

第二节 主动思考，持续产生多点思维

一旦你踏进交叉点，就应该努力抓住尽可能多的奇特想法。不幸的是，这样的本事不是与生俱来的。我们不妨看看下面这个练习：

一家砖厂的销售额锐减，厂家为此开始设想砖头的新用途，以改善销售惨淡的境况。假设你接到砖厂的求助电话，请思考你要如何解决这个问题，并记下你脑子里的答案。

我猜想大多数人可以写出 3 到 6 种答案，比如，砖头可用来砌墙、造房、搭烟囱、铺设人行道。你还很有可能打破传统，想出砖块的几个非典型用法。有些想法，你也许不会写下来，因为你觉得那些想法没有多大用处，所以一心等着“真正的好主意”蹦出来。这个练习出自詹姆斯 · 亚当斯（James Adams）的著作《创意人的思考》（*Conceptual Blockbusting*）。书中

提到了一种常见的情况：当人们想要针对某个问题找到替代解决方案时，人们往往会陷入两难抉择，这是因为人对于产生大量的想法存在一种与生俱来的犹豫。

有趣的是，针对生活中的某些任务，我们常常采用“批量处理”的应对方式。比如，当我们煮土豆时，往往会先把土豆剥皮，然后在同一时间把所有的土豆都下锅。我们不会把它们一个一个地剥皮煮熟，因为那样做显然费时费力又不讨好。可是在我们思考问题的时候，却总是会采用这种浪费时间与精力的方法。我们总是一条道走到黑，必须先搞明白一个新想法到底能不能行得通，然后再改变思路。然而，这并不是我们利用时间与精力的最佳方式。为了将交叉点上的能量发挥到最大，我们必须先收集尽可能多的想法，然后再对它们进行评估、挑选。我们可以拿出几分钟时间，思考一下这个练习的第二部分：

拿出一张纸，列举砖的用途，不应少于30种。

这次的情况怎么样？你这一次列举出的砖块用途也许比练习的第一部分多得多。下面，请将你这次的答案与上一次的答案进行对比。第二次列举的答案是否包含第一次动笔时遗漏的有趣想法？单独进行头脑风暴的一个最佳方法，就是先设定一个目标，规定自己要想出多少个主意，然后再考虑你的主意是否能奏效。设定数量上的目标是为了强迫你想出比你脑子里平淡的主意更多的点子。吉尔福德曾经进行过一些联想测试，比如第 3 章中提到的测试。他的测试证明，第一个闪进你脑子里的想法往往是最普通的、最没有创造力的想法。比如，砖头是用来砌墙的，而最后一个方案很有可能更有创造力。在这个例子中，砖可以当作桌子腿，或者用作船只的配重。

在你尝试想出更好的主意，或者想要解决一个相当简单的问题时，请坐下来，给自己来一次真正的头脑风暴。头脑风暴不一定非得在某个项目开始时进行，只要你需要一些新的思路，你就可以这样做。毕竟，为了实现创新，你必须测试很多想法。迈克·欧菲尔德进行了 2 300 次录制才得到《管钟》这张唱片。为了发明电灯泡，托马斯·爱迪生进行了超过 9 000 次实验。为了发明燃料电池，他做了 50 000 次实验。爱迪生事实上给自己定了一个数量上的目标。他每隔 10 天要想出一个小发明，每隔 6 个月得创造一个大发明。

当你这样做的时候，请时不时地回头想一想自己原来的想法，取其精华，去其糟粕。你可以独自思考，也可以与其他人一同讨论。请记录下你的思考。未来的某个时刻，你也许会想要回头看看原来的想法，因为它们中有很多在将来可能是有用的。

第三节 搞定头脑风暴法

正如我们所知，头脑风暴是人们构思新点子时最常用的工具之一。汤姆·凯利（Tom Kelley）曾任 IDEO 公司的管理者，他也是这家公司创始人的兄弟。IDEO 是一家坐落于美国圣何塞的设计工作室，以超凡的创新力著称。这家公司设计并制造出了苹果鼠标、宝丽来一次成像相机、自动封口水瓶、PalmV 掌上电脑以及许多有突破性意义的产品和服务。汤姆·凯利认为，头脑风暴是获得创新思维的基本要素。在他的著作《创新的艺术》（*The Art of Innovation*）中，凯利提到头脑风暴是 IDEO 取得成功的一大关键性原因：“头脑风暴是 IDEO 企业文化的思想引擎。它给创新创造了机会，使人们在项目开始之初就让自己的思维视野‘万里无云’，同时帮助他们解决项目后续出现的诸多疑难问题。善于头脑风暴的人可以给团队带来正能量和机遇感，带领团队扛过最黑暗、最压抑的阶段。”

这里所谈到的东西根本不是什么新鲜事。当一个组织想要就某个问题提出大量的设想时，头脑风暴法往往是最常用的方法。头脑风暴法的创始人亚历克斯·奥斯本（Alex Osborn）在其 1957 年出版的著作《实用的想象》（*Applied Imagination*）中提到，头脑风暴法是一个群体尝试解决问题时可采用的一种方法。按照奥斯本的说法，头脑风暴法可以极大地提高一个群体所产生的想法的质量与数量。头脑风暴的规矩很简单，只要遵循以下几点即可：

（1）想法越多越好。

（2）别按套路出牌。

（3）在他人的想法之外继续延伸。

（4）不对这些想法进行价值判断。

世界上几乎所有的大型企业、非营利组织与政府机构都会用到头脑风暴法，个中缘故显而易见。提到头脑风暴，奥斯本是这样说的："一群人在一起的时候，所想出的主意会比一个人单独想出的主意多两倍。"竟然有这样的怪事？难怪头脑风暴法能风靡这么多年！但是真实情况到底是不是这样的？

第一个对奥斯本的说法进行验证的研究发生在 1958 年，也就是他的著作出版的第二年。心理学家按照四人一组的形式把测试者分成了几个小组，让他们讨论如果一年之后每个人的两只手都多长出一个手指，将会有何利与弊。这些小组是真实的组织，他们的确会在一起进行头脑风暴。头脑风暴结束后，研究人员再让四人小组构成"虚拟"的组织，讨论"多出的手指"问题。但是每个人必须在各自的房间进行讨论。研究人员把从每个人那里得到的想法汇集到一起，然后将多余的想法去除。

也就是说，他们将人们提出的相同想法算作一种想法。然后，研究人员会对“真实”组织与“虚拟”组织的表现进行对比。

结果并不是你想的那样。让人惊讶的是，研究人员发现各自进行头脑风暴的虚拟小组得出的想法居然比“真实”组织的人们得出的想法多上将近一倍。这个实验结果绝非意外。在1987年进行的一次著名实验之后，来自德国图宾根（Tubingen）大学的研究员迈克尔·迪尔（Michael Diehl）与沃尔夫冈·斯特罗比（Wolfgang Stroebe）得出结论，真实组在头脑风暴上的表现从未胜过虚拟组。来自世界各地的心理学家得出的25份实验报告中，真实组一次都不曾胜过虚拟组。事实上，真实组在头脑风暴中产生的想法数量始终维持在虚拟组的一半。不仅如此，在对头脑风暴法提出问题的质量进行研究后，研究人员发现虚拟组提出的优质想法的数量大大超过了真实组。

这样的结果实在让人摸不着头脑。我们习惯性地以为头脑风暴必然能增加团队的创造力。事实的确如此，这也是我们会进行头脑风暴的原因。然而研究结果一再表明，在通常情况下，头脑风暴很难立竿见影。汤姆·凯利同时建议，头脑风暴不必拘泥于最初的“四人小组”形式。“头脑风暴法最大的问题在于，所有人都以为自己是在进行头脑风暴。”凯利感叹道。“在IDEO，头脑风暴几乎成了一种特殊的宗教形式。我们几乎每天都会这样做。虽说头脑风暴的过程总是很有趣，但它毕竟是一种工具，一项技巧。人们必须严肃地对待它。”

迪尔与斯特罗比于是开始研究头脑风暴为何这样难以预测。他们设置了 3 组实验，对 3 种不同的理论进行验证。第一种理论是“搭便车现象（free rider phenomenon）”。某些头脑风暴小组成员几乎完全不出力，等着其他人构思新想法，因为最终的讨论结果是以匿名形式公布的。第二种理论是“评价顾忌（evaluation apprehension）”。这个理论指的是，某些团队成员总是不肯将原创的或者看似“离经叛道”的想法说出口，因为他们顾忌其他成员私底下对他们的指指点点。这两种现象都会影响头脑风暴的效果，但它们的影响力不是最大的。“堵塞（blocking）”才是造成真实组与虚拟组之间巨大差别的原因。

头脑风暴的过程，每次只能由一个人发言，尽管没什么固定的发言顺序。如果大伙儿在同一时间各抒己见，谁也听不见对方在说什么。这种发言模式给我们造成了极大障碍。人类的短时记忆不允许在构思新想法的同时，主动将原来的想法保存在自己的记忆中。一旦我们在发表见解时被打断，那我们就不得不等其他人说完自己的想法。在此期间，我们很有可能把自己原本要说的话忘得一干二净。这对我们产生想法的效果产生了巨大的影响。因为当我们在构思一个主意的时候，不能直截了当地将它说出来，不得不等其他人发言完毕。当我们终于有机会讲话的时候，因为时间的缘故，又不能一吐为快。“堵塞”理论同时解释了为什么头脑风暴小组的规模越大，真实组与虚拟组表现出的差距也越大。

既然如此，那我们要不要放弃头脑风暴？不，我不这样认为。我相信，只要方法得当，头脑风暴法将会高效地帮助人们产生交叉想法。研究结果表明，只要对头脑风暴的方式进行一些微小却有重要意义的改变，就能极大地提高头脑风暴的效率。

首先，头脑风暴的组织者可以预留出 15 到 20 分钟，让小组成员在碰面之前先独立思考一阵子。这样的话，头脑风暴开始之后，人们就不必担心自己会忘记最初的想法。这也可以迫使组织者制定出一个有条不紊的问题陈述提纲。许多案例表明，这种做法会让头脑风暴的效率显著提高。其次，把小组成员召集在一起讨论时，不要让他们一个个照本宣科地念提纲，否则人们的热情和冲动将会大打折扣，很难积极主动地沟通想法。组织者应该让每个人都积极参与讨论，掌握节奏与气氛。讨论临近结束时，组织者可以把从每个人那里获得的想法记录下来，并请大家讨论大部分的想法。

迪尔与斯特罗比还想出了一种避免传统头脑风暴法弊端的方法。他们把这种方法称为“书面头脑风暴法(brain-writing)”。

在头脑风暴时，每个人都针对一个问题同时写下自己的想法，然后根据其他人的想法不断对自己的想法添砖加瓦。在此期间，所有人都不会开口。具体做法是这样的：大家围坐在一张桌子旁，每个人面前都有一张空白的题纸。除了面前的题纸，在桌子中间，每个人都能伸手够到的地方，也有一张空白题纸。待讨论的问题已提前告知大家，或者清楚地写在纸上。讨论开始后，每个人要在自己面前的题纸上写下或画下自己的想法。在此之后，大家要把题纸揉作一团，扔到桌子中间，再去拿其他人的题纸。读过其他人的想法以后，人们要在此基础上建立一个新的想法。无论是否能直接在他人的想法之上建立新想法，人们都要在纸上写出另一个想法，再把题纸扔回桌子中央。如此循环往复。每当一个人从桌子中央拾取他人的题纸时，都会读到此前的想法，设法把它们联系起来，由此触发新的灵感。这种方式在虚拟网络环境中同样效果显著。参与者可以连续不断地对其他人的想法发表评论，并且在他人的想法之上建立新想法。

第四节　好的思考力需要时间的检验

20 世纪 80 年代有一部风靡全球的电视剧《百战天龙》。

在一场任务中，男主角需要去一座被高度保卫的地下实验室中营救两位科学家。与此同时，从管道中泄漏出的酸液正威胁着新墨西哥州的整个供水系统。尽管面临时间与资源的双重压力，但男主角凭借着过人的智慧排除了各种艰险。为了顶起一根钢梁，他在消防水龙带上打了个结，用水压把钢梁顶开。几分钟之内，他又设法把巧克力棒塞进管道裂缝，堵住了泄漏的酸液。

事实上，我们常常能在《百战天龙》系列里见证人们临近挑战的最后一分钟，甚至最后一秒时所爆发出的创造力。这部电视剧所传递出的理念成为企业管理者和普通人中普遍流行的观念——我们最好的主意往往是在迫近最后截止期时产生的。按照这种观念，我们最好的主意会在肾上腺激素和咖啡因含量最高，而资源不足（尤其是时间紧迫）的情况下迸发出来。但是电视剧真能代表现实世界吗？

为了了解现实世界里的创造力，哈佛商学院教授、创造力研究领域的翘楚特瑞莎·阿马比尔教授做了一项研究。这也是同类研究中最全面、规模最宏大的一次。阿马比尔教授与她的同事追踪了来自 7 家公司 22 个项目组的 177 名雇员，对其中一些人的追踪甚至长达半年之久。这些团队可不是随机挑选出的团队，而是各个组织当中的“思维与创新的命脉”。研究人员每天都会通过电子邮件向实验参与者发送一份调查问卷，询问他们的项目进度，以及他们对进展的感受。研究人员最终收到了 9 000 份回复，并利用这些数据研究趋势。

分析结果十分耐人寻味。他们发现，人们的创造力会在时间严重短缺的情况下降低，但人们天真地以为他们自己在这种时刻创造力更强。不仅如此，分析结果还表明，人们的创造力不仅会在时间压力最严重的那天衰减，这种下降趋势还会延续到第二天、第三天，甚至第四天。

在极少数情况下，时间压力的确能给某些人带来灵感。时间压力使人们不得不专注于手头的项目，不允许各种会议、备忘录让自己分心，最好只和一两个同事一起工作。不过这一切的前提是，他们所面临的时间期限是有限的。然而，类似的情况在阿马比尔教授所研究的公司中出现得越来越少。有的团队偶尔会被置于人为的时间限制中，但这样的限制往往事与愿违。阿马比尔教授这样写道："管理层把团队长期置于严苛的，看似不可更改的时间与资源约束之下。起初，许多队员会被破釜沉舟的气氛感染，全身心投入到工作中。然而几个月后，他们的热情便会消退，因为压力已经被证明是没有意义的。"事实上，如果你想要捕捉交叉点上的突破性思维，最好的办法就是慢慢来。

这样的做法至少有两个理由。首先，推迟对一个新想法的判断至关重要。在我们的意识当中，会根据已知领域的固有想法对一些突破性的思维和想法进行判断。然而对于随机产生的概念，已知领域并非是好的参考标的。人们必须从不同的角度评价不同的观点，而不是靠着本能判断。因此，当你有时间思考时，你可以更好地对这些想法做出判断。

我们可以再回顾一下哈肯·朗斯的例子。在迸发出设计导航系统这个点子之前，朗斯曾花一年多时间搜集灵感。假如在这段时间里，朗斯一直面临着严峻的时间压力，情况又会怎样？那他还有可能与妻子一起扬帆远行吗？还记得万智牌的设计者理查德·加菲尔德吗？他花了整整 8 年才收获突如其来的灵感，把游戏与收集结合在一起。而且加菲尔德起初根本不知道这个灵感到底意味着什么。作为一名训练有素的游戏设计师，加菲尔德本可以轻易地把这个“心血来潮”的创意当成愚蠢的想法而丢弃，然而他没有这样做。相反，他继续浇灌这个概念，使其生根发芽。“直到一两个月后，我才初步设计出这款卡牌游戏。在此之前，我为了这个创意奋斗了很长一段时间……而这一次，我感觉自己可能就要想出一款了不起的游戏了。”加菲尔德这样回忆道。

不要对与众不同的想法过早地做出判断，这听起来是个十分简单的建议，实际上却很难做到。我们的大脑往往会将不同的想法迅速分门别类。除非借助某种记录系统，否则我们一定会下意识地抛弃那些看似无价值的想法。阅读这本书的时候，你的脑子里也许已经闪过了许多想法，可是你到底能记住多少呢？

避免先入为主的最佳方法也许是将你的想法写下来，或者制成图表。如此一来，你便可以经常回顾这些想法。假如某个想法突然变得十分有吸引力，你就可以仔细地思考它。你可以在床边放一本笔记本，在浴室留一个小备忘录，或者随身携带一个本子。在车上做笔记似乎难一些，但是人们独自驾车时经常会突然冒出来一些很好的创意，你可以试着使用录音机记录驾车时的灵感。比随身携带笔记本更难的，是真正地用上它们。一旦你养成了记录自己的想法、创意和见解的习惯，你就会发现自己哪天不做记录的话，反而会浑身不自在。

让时间检验新思路还有另一个原因。在第 5 章里，我曾谈到创意的孵化期，以及它如何带来电光石火的发现。创意的孵化期指的是一个人停止对问题的深入思考，与下意识地产生这个问题答案之间的时间段。在创造力研究的相关文件中，“孵化期”这个概念曾被反复提到。当人们开展一个项目时，如果没有给计划这一环节留出时间，那么这个项目一定失败透顶。在时间的压力下，我们的确有可能加倍努力，更加专注。但是你多少次在一个项目、任务或者任何对于创新和思考有要求的工作结束后，才想到一个更好的主意？也就是说，你的好主意是在最终截止期过后才冒出来的。孵化期的存在告诉我们，我们应该以一种截然不同的方法工作。任务开始的时候，我们应当全力以赴，对于问题和想法抱有更加专心致志的态度，并且尽可能地让这些想法得到发展。在此之后，我们需要静下心等待，把精力转移到其他事物上，暂时忘掉我们正面临的问题。几天或者数周之后，当我们再回到原来的项目时，更有独创性的想法也许会自动出现。

从想法到创新

到目前为止，我们所关注的重点主要是想法如何产生的思维过程。我们讨论了马库斯·萨缪尔逊为什么能够相对轻易地打破不同领域之间的联想壁垒，以及要如何做到这一点。我们详细研究了有革命意义的游戏——万智牌，分析了游戏设计者是怎样对现有的概念进行随机组合，从而制造出这款游戏，以及我们要怎样制造这样的概念碰撞。最后，在前面两章里，我们讨论了像朗斯这样的创新人士为何有这样的创造力，为什么交叉点是产生突破性思维的最佳场所，以及我们要如何捕捉这些思维。那，接下来的问题又是什么呢？一旦拥有了奇思妙想，我们要怎样做呢？

我们要采取行动，让这些想法成为现实。否则我们永远不可能实现创新。下面这个故事是哈肯·朗斯告诉我的。我相信这个故事很好地解释了人们没能将想法付诸实践的原因。

多年来，有许多人找到我，向我诉说他们的想法。其中一人给我留下了深刻的印象。他是一位接受过良好教育，拥有博士学位的先生。每隔几年，他都会给我打电话，与我讨论他的新想法，他的想法的确是一些非常棒的好主意。然而他每次都向我抱怨世人的愚蠢，叹息无人赏识他的才华。事实上，这位先生从未想过要把他的想法变成现实，一次都没有。几年前的一天，我又接到了他的电话。他向我描述了一个伟大的想法，并又一次埋怨这个世界对他的想法不予理睬。他说自己不需要太多钱，可能只要 10 万美元就能让这个想法实现。他问我是否认识什么人，能为他筹措资金。我通常不会参与帮助其他人的项目，这次却破了例。我联系了几位熟人，他们对此事很热心，都表示愿意见一见这位先生。

6 个月以后，此人又打电话给我，要与我分享他的新主意。我吃了一惊，连忙打断他。“但是……请等一等。这是怎么回事？他们难道没有联系你吗？”

“哦，他们联系我了。”他回答说。

“噢……也就是说，你没有拿到钱？”

“不，不是这样的。”他告诉我，“事实上，我想要多少钱，他们都肯出。”

“那后来呢？”

“你瞧，我这不是想出更好的主意了吗？”

概念组合在交叉点上的爆发，可以带来大量的独特想法及概念组合。然而，这些想法并不能保证创新的实现。你必须想方设法让想法成为现实。

第四部分

人生破局点——参透思考的真谛，你的人生会变得更加辽阔

第七章　如何快速解决问题

1978 年 1 月的一天凌晨 3 点，一个还不到 20 岁的小伙子走进伯明翰的布列根和妇女医院 (Brigham and Women’s Hospital，BWH) 的急诊室。他用一件被鲜血浸透的 T 恤紧紧按住眼睛上方一道深深的伤口。接诊医生德博拉·普洛希罗·斯蒂斯（Deborah Prothrow Stith）当时还是一名医学院 3 年级学生，只是在这家医院的外科实习。她今天夜里的任务是练习伤口缝合。

缝合伤口时，伤员向她描述了事情的经过。他去了一场派对，有一些他不太认识的人突然开始向他挑衅。矛盾迅速升级，他们在一众围观者面前拉开阵仗。几秒钟之后，一把刀飞向他的脸。那把刀要是再低上一英寸（约 2.54 厘米），他的眼睛就保不住了。而此刻，这对眼睛正燃烧着熊熊怒火。普洛希罗·斯蒂斯替他缝好伤口后，他转向她，说了一句她一生都不会忘记的话：“听着，你可别睡着了。伤我的人一个小时以后就会来这里。你不是要练习缝合伤口吗？今晚我一定让你练个够！”说完这话，他便扭头离开了。

这天夜里的经历让普洛希罗·斯蒂斯把两个完全不相关的领域联系在一起——预防暴力与医疗保健。这个故事让人感兴趣的地方不在于那个晚上她的脑子里闯进了什么样的想法，而在于她让这个想法变成现实的过程。普洛希罗·斯蒂斯为一个全新领域的出现铺平了道路，可是这条路当中埋藏着一些失误和错误的假设。普洛希罗·斯蒂斯让交叉性思维落地的经历并非特例。既然新想法的量变能够带来质变，那么我们显然应该追求更多的想法。但事实上，这样做必然会导致一个悖论的出现：在交叉点上获得成功之前，我们必然会遭遇多次失败。解决这一悖论的方法是，在实施整体计划期间，我们必须把可能发生的错误考虑进去。换句话说，也就是我们不得不在错误中不断摸索，就像普洛希罗·斯蒂斯所经历的那样。

第一节 对已有经验做好总结和复盘

前文提到的急诊室事件发生的 25 年后（2003 年），我在哈佛公共医疗保健学院（Harvard School of Public Health）的一间办公室里与德博拉·普洛希罗·斯蒂斯见面。今天，她已成为这所学院的副院长，而且是预防青少年暴力问题的专家。与我写作本书时遇见的许多人一样，普洛希罗·斯蒂斯目标明确、精力充沛。她声音洪亮，举止富有感染力。她向我描述了多年前的那个夜晚发生的事情时，我发现自己完全融入了她的故事中，随着她的描述时而微笑，时而焦虑，又时而捧腹大笑。

灵感

“他离开后不久，我便睡着了。”普洛希罗·斯蒂斯说。她隐隐地感到了一丝不祥之兆。尽管站在医生的立场，她已经做完了自己该做的事情，但更多的暴力和伤害似乎就要发生。没有相关条例条款，也没有相应的程序，普洛希罗·斯蒂斯无法阻止这一情况。事实上，就连对这种事情的担忧似乎都让人不能理解。毕竟，预防暴力与外科医生毫无关系，更别提她只是个医学院的学生了。她要做的工作就是缝合伤口，然后把病患送走，剩下的事情交给警察处理就可以了。

但是假设他们遇见的是刚自杀未遂，或是使用过毒品的病人，情况又将如何？首先，医生会按压病人的胃部，检查他的情况是否稳定，然后再判断他是否有危险。如果这个人说：“不，我不想躺着，因为我要回家吃点药片，然后再回来。”那又会怎样？他的话一定会引来一连串的干预措施。如果病人的行为的确将对自身构成威胁，医生们甚至有权强制进行治疗。普洛希罗·斯蒂斯越是细想，就越发感觉到，当医生试图改变病人的行为时，他们就是在一定程度上防止伤害。她和其他医生劝告人们系上安全带，合理饮食，进行锻炼，避免有危险性的行为和不良生活方式带来的伤害。然而，在预防暴力这个方面，他们却无能为力。

很显然，暴力行为是一种健康危害。然而，和暴力相关的问题多是法律部门关心的事，与医疗工作者无关。普洛希罗·斯蒂斯一直也不知道那位患者离开医院之后到底发生了什么，但是这件事触动了她的神经。“医疗健康”与“预防暴力”之间的确存在交叉点。在此之前，从未有人踏进这个领域，普洛希罗·斯蒂斯决定做这个领域的开拓者。

行动

接下来的几年里，普洛希罗·斯蒂斯向有关部门提出申请，递交提案，同时制定了利用医疗保健的方法来预防暴力行为的一系列计划。她似乎就是那种能够绞尽脑汁地制订周密的计划，并且让计划顺利实施的人。她以目标为导向，并且十分专注。不仅如此，她还十分细心，会用图表对自己的计划进行注解。谈到某个问题时，她会随手拿起一本笔记本，翻开一张图表。“你瞧，这些事情属于传统执法机构的管辖范畴，而这些事情归公共健康机构负责。”她说着，用手指了指二者之间交叉的部分。简而言之，人们刚见到普洛希罗·斯蒂斯的时候，一定不会认为她是那种曾出现过许多失误的人。“噢！事实上，我们确实犯过错误！”她爽快地告诉我。

她的假设再明确不过：从事医疗保健的人在工作中常常会与涉及暴力行为的年轻人接触。因此，他们极有可能在防治暴力行为造成的伤害这个方面扮演一个绝佳的角色，而且很有可能找到应对这个问题的好办法。普洛希罗·斯蒂斯迅速得出结论：医院，甚至急诊室，都是启动预防暴力策略的绝佳地点。

普洛希罗·斯蒂斯的想法一开始就碰了壁。在大多数同事看来，这样的想法异想天开、毫无意义。他们固执地认为医生与预防暴力没有关系。“他们不厌其烦地对我说，暴力不是一种疾病，也无药可医。”说起这段往事时，普洛希罗·斯蒂斯放声大笑。“人们总是对我说：‘你这是要用医术来治疗社会问题。’‘在这个问题上，你无能为力。’‘这不是你所扮演的角色’。”

普洛希罗·斯蒂斯很快就意识到，她的大多数同事都帮不上忙，而这一点也是她一早就预料到的。她开始寻找其他的合作者，其中教会表示愿意帮助她。再后来，警察也加入了进来。

“我们与在街道上巡逻的警察谈论这个问题，他们的反应十分积极。这些警察每天都会真实地面对暴力带来的后果。”普洛希罗·斯蒂斯告诉我。警察们也明白自己的工作是对暴力行为做出反应，而不一定是预防暴力的发生。

然而具体操作时，普洛希罗·斯蒂斯一直在犯错误。计划行动之初犯的一些错误是她学习过程中不得不走的弯路。比如，她最初将这个计划命名为“高危青年的波士顿项目”。事实证明，没有哪个年轻人愿意被看作是“高危人群”。还有一些错误要严重得多。她曾尝试将标准的医疗服务模板套用于暴力相关问题。这意味着她需要与学校和其他社区机构合作，指定年轻人到类似于医院的环境中接受预防暴力的医疗服务。她花了很长一段时间试图劝说“高危”的年轻人同医生和心理健康辅导员建立长期的关系。但那些青少年似乎极不愿意去医疗保健部门接受服务——尤其是当他们根本不觉得自己存在任何问题的时候。这些孩子如果有什么病痛，还是愿意去医院的，但他们并不愿意去上什么暴力预防课。

简而言之，普洛希罗·斯蒂斯的方法没能奏效。于是她决定改变工作重点。与其等着年轻人来诊所，倒不如由她主动去找他们。为了接近那些学生，她专门设计了一套课程，课程中包含一些有关暴力冲突行为的录像资料和舞台表演。她通常要求学生进行角色扮演。作为练习的一部分，学生们需要指出刚才的情景中可以防止暴力冲突的关键点。比如，一名学生大喊一声："你打算让那个混蛋踩你的鞋吗？"这样的话可能会引来一场冲突。因此，学生们需要在这里按下暂停键，迅速思考不那么有对抗性的反应。

——"嘿，兄弟。鞋子上的一点尘土犯不着动手。"

——"放轻松，我是无意的。"

这样的反应对于你我来说可能再正常不过，但对于有些青少年来说却并不尽然。普洛希罗·斯蒂斯发现，对于许多学生来说，要想让他们每次都不做出可能让事态升级的反应是不可能的。很多学生根本不知道原来还有不那么危险的冲突解决方法。当普洛希罗·斯蒂斯和她的同伴首次将这套课程介绍给实验学校时，他们发现这套方法成功地降低了该校校园暴力事件的严重等级。这是一个好的信号：她总算走上了正确的路。改进课程期间，普洛希罗·斯蒂斯与她的同事又请来两名教员，扩大这个项目的影响力。该项目发展到巅峰时，他们每两个月就能给上百位学生讲授暴力预防课程。一些孩子后来会反过来教育其他人。在极少数的案例中，一些孩子甚至自发成立了暴力预防中心。许多孩子曾经是"高危"人群中的一员，现在终于能够很好地融入他们的朋友和同龄人中去了。如普洛希罗·斯蒂斯所发现的，这种基础性措施对任何正在同暴力行为做斗争的社区都会有明显的帮助。

1985 年的全美公共卫生大会（National Public Health Conference）是普洛希罗·斯蒂斯职业生涯的转折点。借着这次会议，她提出一系列证据，证明公共卫生健康措施有助于根除暴力行为。与此同时，她制作的暴力预防教学录像也很快在全美范围内获得关注。她很快为波士顿地区的医院打造了一系列暴力预防项目。那些有过暴力伤害记录的儿童与青年需接受暴力预防评估，并接受进一步治疗，以减少将来再次出现伤害行为的危险。治疗小组由来自多个学科领域的成员组成，小组在治疗哮喘患者和有过自杀行为的患者经验上形成了一套标准化的治疗体系。今天，暴力预防显然已经成为公共健康领域需要解决的常规问题。比如，亚特兰大的疾病控制中心（Centers Por Disease Control, CDC）就在这个领域上发力。它们建立了一个完善的治疗中心，用来治疗暴力行为，医生们定期会请有关专家前来参与解决暴力行为以及儿童伤害等问题。

普洛希罗·斯蒂斯已成为波士顿地区的一股强大的力量，她用自己的行动把暴力预防带入公共健康领域。她的影响力最终辐射到整个美国。在波士顿暴力犯罪问题最为严峻的时期，平均每周都有一到两个青少年被杀害。尽管取得这样的成就不仅仅是依靠了某一个人的力量，但普洛希罗·斯蒂斯和她的团队成员可以问心无愧地认为他们在其中起到了很大的作用。这些成就也使得普洛希罗·斯蒂斯成为马萨诸塞州联合会公共卫生委员。她是有史以来第一位担任这一职位的女性、第二位非裔美国人。同时，她也是历任委员中最年轻的。然而，她的故事同时也说明了交叉点具有一个让人烦恼的特点：如果你想要取得成功，犯错也经常是不可避免的。

交叉点最让人意想不到的副产品就是，交叉点中爆发出来的许多想法都是在不断的失败中累积出的产物。“我们从一开始就犯了很多错误。”普洛希罗·斯蒂斯说。但是如果没有那些错误，她有可能实现最后的突破吗？——不可能。准确无误地实现人们在交叉点上产生的各种想法是十分困难的。事实上，我们从来没有停止这种想法，每当我们面临一个新的挑战时，我们总是不禁发问：我们的目标是什么？怎样才能实现目标？

假设你想要设计一款新产品，你多半会根据市场调查，制定一份阶段性的计划。计划完成后，你可能会与工程师讨论产品细节，再详细分析客户需求。当科学家们把纷繁复杂的细节综合在一起时，也要经历漫长的过程。在这个过程中，科学家本人来为他们的新实验设置基础规划方案，并考虑实验所需要的资源，以及项目需要的时间。他们的用心程度会决定增加获得项目资金来源以及取得成功的可能性。

这一方法对单向思维而言十分有用，对多元化思考来说却不尽如人意。单向思维与多元化思考最大的区别在于，我们知道前者最终会走向哪个方向。出于这个原因，我们会提前做出预测，判断将有多少顾客购买新产品，多少读者阅读新书，多少研究结果会被人们深入讨论。一旦我们设定好目标，最关键的步骤就是将目标实现。我们可以设定一个详细计划，收集所需的资源，然后开始动手。一些人不仅善于构思新点子，还有着极强的执行力。此外，他们还怀抱着磐石般的决心，一步一个脚印地朝着目标不断迈进。这里的失败指的是也许我们没能完全达到预期，但这也是前进路上不可分割的一部分。

然而这样做的前提是，人们理解他们需要做什么，并且知道要按照怎样的顺序做。不幸的是，在交叉点上，我们不太清楚自己要做什么，以及如何做。交叉点上的思路可以向着任何方向延伸，除非一个个地尝试，否则，我们无法知道究竟哪个想法能够起作用。要成功地实践突破性的思维，为获得成功而制定计划不一定管用，为避免实践中出现的失误而制定的计划反倒更有用。这种说法听起来有悖常理，却是获得成功的关键。既然我们无法依靠过去的经验设计完美的计划执行路线图，那么我们必须了解哪种方法管用，哪种方法不管用。实践过程中，失败与错误是不可避免的。简而言之，普洛希罗·斯蒂斯的经历中所体现出来的一些原则，仍然是我们在交叉点上必须遵循的行为准则。但是在下一章里，我们会看到，还是有一些方法可以为实现突破性思维带来帮助的。

第二节　建立起长效的积累和激励机制

人们需要尽早认识到，失败是突破思维过程中不可缺少的一部分。这话说来容易，但又有几个人能够泰然地面对失败？失败会让人感觉自己的努力失去了意义，从而充满挫败感。在一个竞争激烈的团队里，失败尤其让人恐惧。它不仅会让你顿失信心，而且还有可能让你的信誉大打折扣，甚至有可能导致降职或者被解雇。因此，我们十分有必要从一个组织的角度考察失败，因为我们之所以如此害怕失败，很有可能是因为这些团队的理念所致。

聪明的管理者与经验丰富的团队都明白，实现创新的过程中必然会出现失败。因此，他们在制订计划时就会提前预留出试错空间。迪恩·卡门（Dean Kamen）是一位高产的发明家，曾发明过透析仪和赛格威平衡车。据说："卡门和他的工程师伙伴如果不经常以一种荒谬的方式遭遇失败，他便会感到不快。

因为让人印象深刻的失败也会给人带来刻骨铭心的反省。”显然，卡门对待失败的态度并非一般。即便管理者知道失败会刺激未来创新，“如何管理失败”也是个问题。相比之下，“管理成功”可要容易得多。假如一个人出色地完成了任务，他理应为此得到奖励——拍拍肩膀，得到赞扬或升职。当人们取得成功时，他们盼望得到奖励。

但我们要如何处理失败呢？要想回答这个问题，我们不妨先分析几个与工作有关的案例。比如，奖励成功是工作中一种合理的策略，特别是对那些唯一的目的就是要完成某个特定程序的工作：飞机着陆、实施外科手术，安装硬盘等。在大多数情况下，这些工作都有着十分明确的操作过程，人们既不希望失败，也不可能从正面的角度看待失败。但是有些工作的成功关键就是不断产生新点子。对这些工作而言，失败又意味着什么？实验与试验就是这种工作的一部分，因此这些工作的结论具有更大的迷惑性。奖励成功乍一看似乎是个好主意，但是仅仅奖励成功，而对失败冷眼相看，这样做真的对吗？我们是否愿意承担一定的风险，以增加在更长一段时间内实现思维突破的可能性？也许吧。但最好的结果往往会出现在这样的组织环境当中：成功与失败均能获得奖励，而无所事事会受到惩罚。

无为显然不值得奖励。因为这样做的话，人们根本不可能实现任何有创新性的思维和想法。斯坦福商学院教授罗伯特·萨顿曾经提出，对于创新来说，无为所带来的负面影响远大于失败带来的影响。失败毕竟也是一种结果。既然量的积累能带来质变，那么我们自然应该积累尽可能多的想法，也自然应该参照想法的数量进行判断。这种衡量标准可应用在建模、申请专利、发表论文、完成项目等情况下。没有一定数量的想法，也就不可能出现创新。从这个意义上来说，无论成功还是失败均应该获得奖励，因为它们都是一种产出。

但是如果没有其他行为准则做依据，这里提到的奖励标准就显得不太现实。人们要怎样奖励失败呢？萨顿提出了以下几条原则，可作为参考：

（1）确保人们认识到，不采取任何行动就是最大的失败，而这种行为是应当受到惩罚的。

（2）确保每个人都能从失败中学到东西，而且应当明确同样的错误一犯再犯是不值得奖励的。

（3）如果某个人的失败率很低，则应当对此持谨慎态度。这也许是因为他们不愿意承担风险，也许是因为他们有所隐瞒。这样的话，团队中的其他人就无法从他们这里学到教训。

（4）雇用那些在智力上有缺陷的人，并且把他们受雇的原因告知组织内的其他人。

福泰制药（Vertex Pharmaceuticals）是一个很好的范例。这家公司向我们完美地展示了什么叫从失败的主意里寻找成功的想法。福泰制药所在的行业正面临着严峻的挑战。在20世纪90年代，该行业的研发费用增加了300%，但同一时期，美国食品药品监督管理局（Food and Drag Administration, FDA）批准的药品数量下降了50%。各大制药公司只能眼睁睁地看着花费数百万美金研发的药品要么卡在FDA审核中，要么干脆未能通过审核。这一情况若得不到改善，那么大多数公司会因为无力承担巨大的成本停止研发新药。

不同于常规的做法，福泰制药扭转这一颓势的方法是主动增加颓势。研究人员能够测试的想法（这个案例中指的是药物分子的组合）越多，他们获得好主意的概率也就越大。更多的想法势必会导致其中一些想法寿终正寝。但是这一次，福泰制药决定在更早的阶段淘汰这些不成功的想法。安全有效的药物更容易获批，进入市场。福泰制药有意把自己置于学科与技术的交叉点上，每天产出上千种药物配方。按照公司总裁维基·萨托（Vicki Sato）的说法，从该公司的名称就能看出他们的部分策略。“尽管大多数人听到我们的企业名想到的通常都是‘尖端’和‘顶峰’，但‘Vertex’还有一层意义大家没有解读到，那就是‘交叉点’。”萨托解释道。

福泰制药的目标是生产尽可能多的潜在药品组合，从中挑选出极少数有可能为公司带来突破的药品。这套方法是这样运作的：使用拥有较强处理能力的计算机，以相对随机的方法，对不同的药物靶标进行分子组合，再摒弃那些确定无效的组合。筛选过后的分子组合被送到一个由计算机科学家、生物学家、化学家、医学家、制造商以及律师组成的小组。这些人一起对分子组合做出评估，再把最有前景的分子组合变成药品。一些组合很快会被丢弃，另一些则需要考察一段时间才被放弃。但是还有些组合最终成为药品。福泰制药的计算机每一天都会产生数千种药物分子组合方案。这些方案大多走不到最后，然而通过增加新的想法，以较快的速度淘汰失败的方案，福泰制药开发出成功药品的概率大大增加。

这一原则不仅对企业有效，对个人也十分有用。T. S. 艾略特（T. S. Eliot）创作《荒原》（*The Waste Land*）一诗时，测试了上百种奇特的想法。许多想法最终被弃用，还有一些经过了修改和删减。这部长诗最终成为一部旷世名著。为了这部作品，艾略特踏进世界文化与神话的交叉点。艾略特耗费数年光阴才写下《荒原》一诗，其间进行了无数次修改和编辑。在这一过程中，他的妻子以及好友埃兹拉·庞德曾给予他极大帮助。尽管这部诗集看上去像一个单独的产物，但实际上，它是由上百种不同的概念组合而成的。

从过去的错误中学到东西，是这个策略成功的关键。为什么某些个人或小组拥有许多想法，生产出了众多产品，却始终无法理解这些想法之间的关联，找不到创新的突破口？有可能是因为运气不好。毕竟，我们知道想法的质量会随着数量的累积不断提高。可是这一规律也不是什么金科玉律，谁也不能打包票。除掉运气，一种更大的可能是，不成功的“大量生产者”并不是在追求不一样的想法，只是简单地生产了更多相似，甚至是错误的想法。想一想吧，针对同一个主题创作 15 部高度雷同的作品，谁又会觉得这些作品有价值？如此说来，在新的问题上犯错是可以的，但千万别重蹈覆辙。

为了成功地实现交叉点上的想法，人们必须尝试在概念组合爆发中产生尽可能多的想法。这些想法必然有失败的，但总会有一些能够成功。

1996 年 4 月，PalmPilot 掌上电脑刚上市就成为有史以来最抢手的计算机产品。它有着精致小巧的外形，光滑优雅的设计，以及让人无法抵抗的实用性。“我记得这件杰作被拿出来时，我们正围坐在一张桌旁。”当时的市场部经理回忆道，“所有人都被惊呆了。”

掌上电脑的幕后功臣杰夫·霍金斯（Jeff Hawkins）和唐

纳·杜宾斯基（Donna Dubinsky）是怎样取得如此成功的？是凭借着细致的计划与精准的执行？没错，他们的确做过计划，但他们的计划最初并没有奏效。发明掌上电脑之前，他们的创业公司还发布过一款名为“Zoomer”的手持设备。按照最初的设想，这款设备虽然体积轻巧，但功能与电脑相差无几，甚至可以打印和发传真。但是到最后，Zoomer 连一件电脑能做的事情都做不了：它的软件常常出毛病，要么体积过大，要么运行缓慢。当然，也没什么人想要用一台手持设备发送传真。最终 Zoomer 成了一个巨大的失败。

但是杜宾斯基细心地保留了足够的资本，以便日后东山再起。要不是因为这个，我们的故事也许就此为止了。杜宾斯基等人意识到，人们不需要一台能够模仿电脑的手持设备，大多数人想要的只是一种简单的小玩意儿，能够胜任他们每天做计划的工具就好。这种设备需要小到能够装进衬衫口袋，而且要易于操作，能够迅速帮助主人搞定一些重要的任务。这便是后来出现的 PalmPilot 掌上电脑的特征。它最终成为 20 世纪 90 年代最有创意的产品之一。

多元化思考最大的一个特点就是，你做出的许多假设很有可能是错误的。因此，你不仅要做好失败的心理准备，还要提前把失败纳入计划中。普洛希罗·斯蒂斯是这样做的，霍金斯与杜宾斯基也一样。所有在交叉点上取得成功的人都会和你讲同样的故事：他们一次又一次地对原始想法进行修改。毕加索在创作那幅有革命意义的油画《亚维农少女》（Les Demoiselles d' Avignon）时，光是构图的素描稿就用掉了至少8个本子。

然而，这种策略要求我们细心保存资源，无论这里的资源是金钱、时间、名誉、人际关系还是权力。哈佛商学院教授，破坏性创新领域的权威克莱顿·克里斯坦森教授在多元化思考领域有其独到的见解。他在自己的畅销书《创新者的窘境》（*The Innovator' s Dilemma*）中提到：

研究表明，事实上，大多数成功的新生企业在开始实施计划，了解到哪些东西能被市场接纳后，就抛弃了它们最初的商业策略。成功企业与失败企业最大的区别一般不在于它们的原始计划有多么机智。对于一家成功的企业来说，保存足够的资源（或者与值得信赖的投资人、赞助人维持良好关系）远比设定正确的策略重要。满足第一个条件，将会让企业得到第二次，乃至第三次机会。它们可以不断剔除原计划中的错误，使整个计划趋于合理。那些在一开始就耗尽资源，损失信誉的企业注定会遭遇失败。

这听上去像是个中肯又智慧的建议。把钱袋看牢总不会是坏事。然而个体、团队与公司往往还来不及进一步探索交叉点上的分支，就耗尽了自己的资源。这又是为什么呢？

我们执行计划时，往往出于几个原因。这样做是为了协调行动，为了计划资源，为了劝合伙人、投资者、顾客和经销商加入我们。然而大多数情况下，这些人想要从我们的计划中看到确认的东西。以“然而……这一切明天也许会全部改变”这样的句子结束演讲通常没什么力度。如果你是依靠单向型思维，就绝对不要这样做。但如果你实施的是多元化思考，当你用具体的计划替代那些不确定因素时，你务必要慎之又慎。

对每一细节进行预测源于一种信念，即人们可以通过周密的计划消除不确定因素。即便我们明知道未来是不确定的，却依然认为，如果能够推测出每一个细节，就可以控制不确定因素。然而在交叉点上制订计划可不是件容易的事。没错，如果我们不能意识到交叉点上的计划需要不断调整，那么计划本身将毫无意义。

这里有一个问题：除非让别人知道计划将要发生改变，否则那些人一定会对原始的计划抱有某种期待。这样一来，如果第一次尝试遭遇失败，投资者是不会继续追加投资的。投资者们想看到的是结果，顾客想要的是计划顺利进行，而我们的朋友与同事已经开始相信“我们很快就要实现某些东西了”。没错，面对这样的期待，我们的确应该努力让事情有一个良好的开端。

我们花费更多的时间、金钱，押上自己的声誉，执行一个错误的计划。很快我们就会发现，所有的资源突然消耗殆尽，而我们还来不及对多元化思考进行修改，使其得以实现。

许多互联网初创公司失败的一大原因可以追溯到这里提到的情况。互联网繁盛期，一些小型初创公司获得了大量资金投入。这些企业常常想要做一些完全原创的尝试，踏上从未被人踏足的处女地。今天，我们可以看到关于互联网的大多数预测与假设是大错特错的。然而事实上，这种情况并非例外。对于一个处在交叉点上的初创公司来说，严重偏航实在不足为奇。事实上，正如克里斯坦森教授所指出的：这是规律，而不是什么例外。

如果出现错误是正常的，那么为什么这么多互联网公司会遭遇惨败呢？那是因为这些公司大多相信，他们所采取的第一次尝试就已经是正确的尝试。他们破釜沉舟的样子似乎在说，他们从未想过自己需要一次、两次，甚至更多次地改变计划。Boo.com 便是一个很好的例子。这是一家位于伦敦的时尚公司，他们曾想过把互联网的全球覆盖与运动服饰融合在一起。这家公司于 1999 年 11 月开业，然而还不到 7 个月，就宣告倒闭。倒闭之前，他们“烧”掉了至少 1.35 亿美元资金。公司创始人们做出了详细的商业规划，确立了全球增长策略，并且将这份计划展示给投资者、供应商和顾客。他们把全部身家都投入到了这项计划上，丝毫没有考虑给自己留后路。于是，Boo.com掀起了一轮全球范围内的战役，在世界各地设立了5间办公室，雇用了超过350名雇员。有时候，有关人员甚至会乘坐“协和”式飞机赶会议。

Boo.com意识到自己的原始计划行不通的时候，已经为时已晚，没有人能有这力挽狂澜的本事。随着资金耗尽，大众信心动摇，这家公司的倒闭已是不可避免。他们的整体设想也许没那么糟糕。在网上销售服装显然是有市场的。Boo.com在向这一市场进发时，有着很好的创新理念，然而，该公司的创始人过于相信自己的商业计划，并且一次性投入了所有的资源。对于大多数单向型思维的活动来说，这种做法也许没问题，但是在交叉点上，这样做显然是大错特错的。

既然知道计划是会变化的，那我们要如何克制按照计划投入资源的冲动呢？我们可以从普洛希罗·斯蒂斯以及其他让交叉想法付诸实践的人们身上学到什么呢？

（1）准备好对你的计划做出改变。你也许曾经为了劝说他人、激励自己、协调行动，或者一系列原因制定一些方案，但是这些方案至少有一部分是建立在不确定的假设上。因此，你需要适时对计划进行调整。

（2）如果实现你的想法需要资金，请确保小心谨慎地花钱。你是否留有充足的资金，为第二次、第三次，甚至更多次尝试做准备？另外，记得寻找可依靠的贷款人，好的贷款人一定是愿意为你提供进行多次尝试所需要的资金的。

（3）如果实现你的想法需要时间，请为自己留出试错的时间。

（4）在实施计划的过程当中，需保持极端谨慎，特别是当你的名声、信誉或人际关系都寄托于第一次尝试成功的时候。

保持干劲

要想在交叉点上取得成功，最重要的策略也许就是保持干劲。如果你能保持冲动，也就有了从错误中走出来，矢志不渝地坚持一个想法，直到取得成功的动力。假如你失去动力，无可避免会失败。你不仅会失去对自己正在做的事情的兴趣，而且还将失去探索其他突破性思维想法的勇气，不再愿意承担一点风险。当原始计划失败后，动力是帮助你渡过难关的关键。

保持干劲的确是个不错的忠告，但我们要如何做到这一点呢？让自己与他人保持干劲的最常用的方法就是进行刺激。这种方法哪怕是在交叉点上依然有效。毕竟，一直以来，奖励都能给创造性行为带来长远且强大的影响。斯金纳箱（Skinner box）实验是历史上最著名的心理学实验之一。这个实验反映了奖励的作用。箱子里装着一只老鼠，还包括一个按钮和一个喂食器。老鼠如果踩到按钮上，就会得到奖励（这个案例中的奖励是食物）。实验证明，在奖励的驱动下，老鼠会不断踩踏按钮，以获得更多食物。

“斯金纳箱效应”成为同类实验中的标杆，证明奖励是行为控制的关键。某种特定行为如果受到嘉奖，那这一行为将会不断地被重复，并得到改善。实际上，在个人行为中，斯金纳箱效应难以避免。如果希望你的孩子修剪草坪或者打扫自己的房间，可以给予他们一定的奖励，比如一周的零用钱，他们会更乐于做这些事情。当然，同样的情况也适用于成年人。这种行为没什么让人感到不解的地方。如果活动的任务与目标相对明确，那么让所有参与活动的人明晰他们的奖励，无论是金钱、地位还是名声，将是一个很好的主意。但是当行动的目标尚不清楚，接下来要采取的步骤不清晰，以何种顺序实施这些步骤也不明确，这种方法还能管用吗？换句话说，这种方法要怎样应用于交叉点上？

多元思考上的激励创新

为了研究奖励在激励创新方面的作用，哈佛商学院心理学家特瑞莎·阿马比尔曾经做过一个有100余名儿童参与研究的试验。这个实验一共涉及两个项目。其中一个项目是根据一本名为《男孩、狗与青蛙》（*A Boy, a Dog, and a Frog*）的儿童画册讲故事。这本画册里包含了30张彩图，但是没有任何文字。因此，该画册给孩子们留下了极大的想象空间，他们可以自己解读这个故事。另一个项目与宝丽来相机有关，参与该项目的孩子对相机都十分好奇。

实验开始前，孩子们被分成两组。第一组的孩子被告知，如果他们答应根据画册讲一个故事，那他们就可以玩照相机。不过在他们玩相机之前，他们必须签一份协议，承诺自己玩过相机后会讲故事。这一组的孩子每拍几张照片，实验者就会提醒他们记住自己的承诺。拍完照片后，实验者会拿出画册，让实验继续。

第二组的孩子同样被告知，他们需要参加两项活动，但两项活动并无相关性。实验者只是简单地询问他们是否想玩相机（他们的确想玩），然后再要求他们根据画册书讲故事。这一组的孩子们不需要做出承诺，也不必签什么协议。两组孩子讲的故事都会被录音，记录在纸上，再由 3 名小学老师分别给这些故事打分。评分结果颇耐人寻味。评分显示，第一组儿童把玩相机当成了讲故事的奖励，而他们的故事所展示的创造力显然不如第二组。两组儿童参与这两项活动的顺序是一致的，结果却大相径庭。阿马比尔在她的《情境中的创造力》（*Creativity in Context*）一书中这样写道："在这个案例中，获得奖励的儿童与未获得奖励的儿童唯一的区别在于二者对于奖励的理解。第一组儿童把奖励视为行动目标，第二组则不是。由此看来，那种把完成任务视为实现目的的观点，似乎是造成参与任务时创造力衰退的关键因素。"

换句话说，如果一项活动是另一项活动的奖励，那么可能导致现实创造力的下降。当人们感觉到他们获得奖励的原因是参加了另一项活动，那么，这种被外部因素操控的感觉足以伤害人们的创造力。阿马比尔和其他专家指出，无数研究证明，奖励对创造力可能存在负面影响。我们可以来看另一个实验。在这个实验中，实验对象需要把一支蜡烛安放在一面屏风上。他们只能使用屏风、蜡烛、一个火柴和一盒图钉解决问题。这项实验当中有一个研究人员称为"破发点"（break set）的地方。这是一种有想象力的说法，实验对象必须想出实验当中的每个工具不太会出现的使用方法。在这个案例中，实验对象需要先将图钉从盒子里倒出来，再把盒子钉在屏风上作为支撑蜡烛的平台。不言而喻的是，实验中困难的部分在于是否能突破图钉盒的传统使用方法，不仅仅把它当作一个容器，而把它当作平台。实验对象被分成两组。一组成员被告知，如果他们能排在最快完成实验的 25% 人员里，就能得到 5 美元奖励。第二组成员则没有收到这样的指令。正如你可能想到的，不设奖励的那组人员完成实验的速度显然快于设立奖励的那组人。

由此看来，明确的奖励会扼杀人们的创造力。然而这是为何？阿马比尔发现了存在于我们内心的冲动（也就是她所谓的“内在动力”）与创造性活动之间的关系。如果内在动力高，我们对自己所做的事情怀抱着澎湃的热情，创意便会有如泉涌。来自外界的期待及奖励会杀死内在动力，扼杀创造力。内在动力较低时，探索新途径与不同想法的意愿也会降低，而这种意愿是交叉点上至关重要的。这意味着，为了像普洛希罗·斯蒂斯、霍金斯和杜宾斯基一样积极地执行交叉点想法，我们必须提防明确的外部奖励。谈论起这个问题时，斯蒂芬·金是这样说的：“金钱是一件伟大的东西，但是当涉及创造行为时，最好的方法是不要过多地考虑金钱。过多地考虑金钱会让创造行为‘便秘’。”

当明确的奖励措施产生的力量过于强大，给我们的内在积极性罩上阴霾，会出现怎样的情况？我相信，在互联网最繁荣的时期，这种情况常常会出现。我清楚地记得，某一年，我乘坐一辆观光巴士前往当年最大的互联网峰会会场。我隔壁坐着一个小伙子，他的穿着打扮显然遵循的是新经济时代的时尚。他身着一件蓝色衬衫，外面套着一件运动衫，下身穿了一条肥大的裤子。这个小伙子刚从一所顶级商学院毕业，在一家投资银行找了份工作，但不久前辞去了工作，加入了一家初创公司。当我问起这家公司的经营业务时，他告诉我这是一家B2B公司。

B2B 网络交易曾风靡一时。该行业的预计收入高到让人瞠目结舌。哪怕它们还要过上好些年才能盈利，但 B2B 企业的估值动辄高达百万美元。2000 年秋季前后，人们数得出名字的行业里，几乎没有不进行 B2B 交易的。于是我问这个小伙子，他工作的那家 B2B 公司究竟是做什么的。“就是一个供卖鱼人与买鱼人碰头的地方。”他说。这家公司尚未结束第一轮融资，便已经开始用筹集到的创业本金开拓下一片领地。

这让我感到十分不可思议。究竟是什么让一个在华尔街过着快节奏生活的人把注意力转移到鱼类贸易上的？我敢说，这个行业对于当时大多数拥有工商管理硕士文凭的人来说，吸引力几乎为零。然而我从商业杂志上了解到，这个小伙子目前已经遇到了 3 到 4 位竞争者，并且还有更多的竞争者们正蜂拥而至——鱼市！

背后的原因其实没什么大不了的。就像股票首次上市给人带来的激励一样，一夜暴富，成为名流给人带来的成就感是无与伦比的。唯一让人感到奇怪的反而是B2B领域的创造力空间。这个领域处在多如牛毛的技术和现有市场所形成的“交叉点”上，许多商业杂志甚至登出了如何成立B2B企业，怎样使其挂牌上市，再将企业售出以获利的商业指南。每个人都遵循着这一公式。每个人都知道该做什么——只要赶在所有人前面就可以。

换言之，人们的行为是按照单项创新模式来的。没有人会思考失败的可能性，因此当失败不可避免时，挂牌上市的前景也变得越来越遥远。这并不是说那些敢于冒险的组织创造能力不强，或者它们缺乏企业家精神。我想表达的是，内在动力是交叉点创新活动的关键。面对外在动力的挑战时，它会受到严重打击。

还有一项研究表明了这个原则在企业圈的普遍性。畅销书《从优秀到卓越》（*Good to Great*）作者吉姆·柯林斯（Jim Collins）研究了一些著名企业的领导人，以及这些领导人是如何获得报酬的。结果表明，企业所采取的激励手段五花八门，包括薪金、股票期权、奖金、利润分成等。但是这些变量与带领企业获得成功并没有什么关系。激励措施仅仅在鼓励某个候选人接受一项特殊的工作时才有用，一旦该候选人接受了这项工作，激励措施也就几乎没有意义了。驱使人们做事的是内在驱动力，而不是外部激励措施。他们必须发自内心地想把工作做得漂亮。

话虽如此，希望实现突破思维和创新的企业依然会采取五花八门的奖励措施鼓励创新。约翰·希利·布朗（John Seely Brown）是施乐（Xerox）公司著名的帕罗奥多研究中心（Palo Alto Research Center）的前主任，也是整个美国最受敬重的创新思想领袖之一。他曾经分析过企业为何会经常不理会奖励对内在动力的负面影响。“企业之所以忽略激情的真谛，是因为他们总是依靠可预见性。以季度为周期的计划要求企业具备可预见性。为了准确预测，就需要控制管理。为了对管理进行控制，就必须辅以奖励措施。最有力的刺激就是薪金与红利。然而，创新过程从来不是按照这种逻辑方式进行的。”

在这里，我需要补充一个很重要的信息——不是所有的奖励都会对内在动力产生负面影响的。处在交叉点上的创新者，面对明确的奖励，他们的内在动力将会下降。但是如果奖励被看作能力的体现，或者只是学习过程的一部分，那么它的积极作用将会十分明显。这样的奖励从根本上意味着，一位创新人士理应收获他的劳动果实。事实上，如果这些奖励没给到位，势必会影响人们的创新动力。阿马比尔指出，“当人们感到自己的工作得不到慷慨、公正的待遇时，负面效应便会出现。”

显然，如果其他人因为你或者你所在的团队所做的工作获得奖励，这必然会影响士气。哈肯·朗斯就曾多次为了维护专利权与人对簿公堂，“我不需要人们承认我过去做过的事情，只需要对我所做的工作给予对等的奖励。如果你得不到它，或者这种奖励被别人拿走，那你的工作就失去了意义。这会给你带来莫大的伤害，同时扼杀你创新的欲望。”处于交叉点上的人必须坚信他们会得到应得的奖励，哪怕人们一开始并不知道等待着他们的奖励到底是什么。

向成功前进

普洛希罗·斯蒂斯之所以能在交叉点上获得成功，是因为她把失败列入了整体计划中。然而最重要的是，她虽屡遭挫折，却依然保持着昂扬的斗志，因为她真正为自己所做的事感到享受。而这一点，对于我为了撰写本书而拜访的每个人都一样。

然而，走出过去的失误，继续实行计划还不足以让我们成功地实施交叉点上的想法。等待你的还有更多挑战。你不仅需要面对不确定性，还需要与惰性做抗争，强迫自己走出既有人际关系的舒适圈。事实上，许多过去曾为你的成功起作用的资源、制度和人都有可能让你突然间裹足不前。在下一章里，我们将讨论造成这种情况的原因。

第八章 具备长远的眼光，及时调整并形成顺应时代的价值观体系

第一节 走出固化的价值观陷阱

20世纪90年代早期，埃里克·博纳博（Eric Bonabeau）与盖伊·德奥莱（Guy Theraulaz）在新墨西哥州圣菲研究所举办的一次峰会上见了面。他们一个是法国电信公司的研发工程师，一个是研究社会昆虫的生态学家。他们讨论了很多话题，其中一个就是蚂蚁是如何觅食的。10年后，技术人员根据这段对话发展出能帮助卡车司机设计线路并且安全穿越阿尔卑斯山的技术。蚂蚁觅食、瑞士卡车司机、电信工程师三者之间到底究竟有何共同点？

首先，蚂蚁、卡车司机和电信工程师都不愿浪费时间。昆虫总能够找到前往目的地的最短路径。相较而言，人类选择的路径往往更长。那么，蚂蚁是怎样找到最短路径的呢？在许多蚂蚁物种中，特殊的觅食蚁被派出去，沿着相对随机的路径寻找食物。在搜寻食物的路上，每只觅食蚁都会散发出特殊的

气味吸引它的同类。气味越强烈，被吸引的蚂蚁也就越多。那些发现了蚁穴到食物之间最短路径的蚂蚁身上散发出的味道最浓，因为它们返回蚁穴所用的时间最短。这股强烈的气味会使得其他蚂蚁也选择这条特殊的线路。经过一段时间，这条线路就会成为一条由气味控制的"信息路"。伴随着蚁群的集体行动，一条最快捷的路径将会出现，让蚁群可以高效地掠劫食物。

听到德奥莱的解释后，博纳博恍然大悟地感叹道："我总算搞懂了为什么小时候野餐时，小蚂蚁们能够这么快地找到我的三明治。不仅如此，我还看到了蚂蚁强大的计算能力。"原来，蚁群的生活方式与我们这个世界的其他问题还有联系，这个问题也是博纳博多年来一直潜心钻研的问题。电光石火间，他突然发现了二者之间的联系。

"回到法国电信公司后，"博纳博回忆道，"我开始研究蚂蚁觅食的启示要怎样应用于路线规划中。路线规划是电信网络当时面临的一个大问题。出于费用考虑，大部分电信网络不会时刻处于联通状态。这样一来，信号需要经过引导才能到达目的地。我发现，让虚拟蚂蚁在经过网络结点或路径上留下虚拟荷尔蒙信息，那么联通信号的路径便会得到优化。"

昆虫行为在计算机搜索算法上的成功应用令博纳博欢欣鼓舞。"但法国电信还没有做好相应准备，"他操着特有的法国口音说，“与此同时，我对昆虫的兴趣却越来越浓厚。”人们大概能看得出博纳博与法国电信之间紧张的关系，至少关于“蚂蚁研究”，法国电信不会把此事放在较高的优先级上。博纳博最终决定离开法国电信，转投圣菲研究所的怀抱。“约一年后，法国电信的人从《新闻周刊》封面人物介绍中看到了英国电信实验室负责人彼得·科克伦（Peter Cochrane）的故事，才开始想到要了解我当年所做的事情。科克伦大吹特吹，说电信公司应该像蚂蚁寻找觅食线路一样，在电信网络里使用代理服务器作为路由器。博纳博的想法从圣菲研究所传播出去，被英国电信慧眼相中，加以应用。

博纳博在圣菲研究所花了3年时间学习大黄蜂和蚂蚁的知识，所得的收获比他想象得更多。在这段时间，他满怀信心，壮志凌云，不管这些知识对他到底有没有用，只是一心要在一个新的领域内进行一番探索。他说：“我不考虑将来，不考虑职业问题，也不去想我做的事情是否有用。我从未考虑过这一切。”他勇往直前，埋头寻找两个领域间的交叉点。功夫不负有心人，他终于得偿所愿。

埃里克·博纳博过人的洞察力和不懈努力，最终带来了一个新的学科——“集群智能”（swarm intelligence）。这个领域汇集了生物学家、计算机编程工程师，以及想要通过模仿社会性昆虫行为模式的计算机软件，发现某些过程的变化找到答案的人。迈克尔・克莱顿（Michael Crichton）甚至在他的新书《捕食》(*Prey*)中把集群智能与典型的恐怖场景联系在一起。

今天，博纳博已成为 Lcosystem 的首席科学家。这家公司是博纳博亲自创立的，它将这种科技应用于大规模的商业问题，如工厂调度、控制系统和通信路由问题。博纳博还曾与美国国防部合作，研究如何提高无人飞行器的效率。这款无人飞机后来因为参与了 2001 年美国对阿富汗塔利班人员采取的军事行动闻名于世。无人飞行器不需要驾驶员，相对而言是零风险的。不仅如此，它还能在极大的范围里搜索塔利班武装顽抗分子。当时的问题是，随着无人飞行器数量的增加，搜寻任务的管理效率开始下降。一台无人飞行器怎样才能完美地避开另一台无人飞行器刚刚搜索的范围？为了解决这个问题，博纳博在每台飞行器上安装了虚拟荷尔蒙装置。这等同于给其他飞行器立了一块“闲人闪开”的牌子。利用这种方法，机群可以有效地监视敌方领地。

那么，运送燃料的瑞士卡车司机又是怎么回事？他们一直想要找到阿尔卑斯山各加油站之间最短的行车路线。他们的工作效率随着运输车辆前往加油站的次序剧烈变化着。这个问题看上去好解决，但是随着加油站数目的增加，可选择的线路将会大到无法计算。当加油站的数量超过 12 个以后，潜在的行车路线会增加到十多亿种。可选择的路线方案呈现指数级增长，没有一台计算机能够迅速计算出哪条路线最短。蚂蚁花费了数百万年的进化时间进行这一计算，因此司机们决定借用蚂蚁的智慧，模拟蚂蚁觅食行为的软件解决这个难题。

如今，埃里克·博纳博已是集群智能领域的先锋及领导者。然而他是怎样做到这一切，又是如何捕捉到交叉点上的思维呢？不仅是因为他曾经犯过错误（他也不免遇到这种事情），而且也因为他敢于远离自己苦心营造出的环境。博纳博敢于打破旧关系网的束缚，建立新的人际网络。

人际关系悖论

当人们决意探索交叉想法的时候，会出现怎样的情况？假设你已经打破了两个（或者多个）不同学科之间的联想壁垒，并且已经引爆了随机概念组合。假设在交叉点上，你所面临的困难只剩下想法的实践。你勇往直前，准备让各种设想成为现实，无论之前遭受过多少次失败。但是你走着走着，又会突然间发现一些始料未及的东西。你会发现，你拥有的全部社会关系和你所处的环境都在牵绊着你的脚步。同事、职业生涯轨道、导师、制度机制、习惯、传统观念、伙伴、供货商、零售商——这些曾经对你的成功有所帮助的人和事物突然好像串通好了一样，一齐束缚住你的手脚，使你动弹不得。他们在你耳边窃窃私语，劝你留在现有的领域，远离交叉点。

它们并非有意拖住你。这里其实没什么阴谋诡计。但事实上，旧的人际关系必然会维护、支持并强调这张关系网中的价值观念，排挤并铲除那些不属于它的东西。这种内在特性必然会成为人们追寻多元化思考之路上的绊脚石。如果我们真心希望在各领域的交叉点上取得成功，就必须摆脱旧关系网的束缚。然而，恰恰是这张网造就了过去的我们，使我们取得成功。在通往交叉点的路上，我们最大的障碍为何会是自己的原则、客户、组织、文化以及与我们亲密的人？为了回答这个问题，我们必须先搞清楚人们为何要营造关系网。

营造关系网的理由

为什么在某个固定的领域内，人们更有可能产生新的想法，并成功实施这些想法？经验的增加会加深人们对概念的理解，因此经验固然是一个重要原因。然而除此之外，导致个人或企业在特定领域内获得成功的因素还有很多。我们之所以能够成功，是因为同商业伙伴、行业前辈之间保持着密切的关系，我们知道客户以及员工想要从我们身上得到什么，并且我们的目标与公司或者机构的目标是高度一致的，还有我们从各个部门和同事那里学到了成功的捷径。这些关系被编织成一张紧密的人际网络，支撑着相似的价值观。

克里斯坦森把这种关系网络叫作“价值观网络”（value networks）。关于这个概念，他是这样解释的，“价值观网络指的是一家企业如何定义并回应客户的需求，如何解决问题、争取资源投入、对竞争者做出反应，以及努力争取实现利润目标。”按照这种解释，价值观网络与正直和道德观念毫无关系。克里斯坦森的说法带有一定的使用色彩。按照这种解释，两家公司如果均认为销售重于利润、设计重于功能、规模重于设计等，那么它们就具有相同的价值观念。

在对几个行业的价值观网络研究过后，克里斯坦森发现，企业要想获得成功，就必须建立价值观网络。在此，我们以磁盘驱动器市场为例，就像克里斯坦森在他的著作《创新者的窘境》中提到的一样。磁盘驱动器总是作为组件被安装在另一种产品中，如台式计算机和笔记本电脑。这也就意味着生产磁盘驱动器的厂家必须与生产计算机的厂家保持同步，系统中的任何改变都会带来一系列连锁反应。企业必须对哪些东西是重要的、哪些东西有价值达成共识。例如，使用笔记本电脑的公司更看重笔记本电脑小巧的体积，而使用台式电脑的公司更看重社交网络。这些价值观念给组织里的每一样事物添上了不一样的色彩：无论是一种新思维的推广，还是资源的分配利用，各方各面皆是如此。因此，它们必然会对这些组织当中的人产生极大影响。

“当企业在既定的关系网络中获得经验，它们极有可能根据价值网络的特殊要求，发展出相应的能力、组织结构和企业文化。”克里斯坦森写道。例如，企业会推出符合某个特定客户群需求的业务项目。如果哈雷戴维森（Harley-Davidson）公司的买家们想要马力更强、体积更大的摩托车，那么，哈雷戴维森的经销商们想要的必然也是这种货物。到最后，哈雷戴维森也会对自己提出这样的要求。哈雷戴维森会雇用喜欢这类摩托的员工，继而培养喜爱这种车型的企业文化。这种企业文化又会催生出各种想法，只是这种想法是以一种一成不变的车型为基础的。

尽管克里斯坦森的研究重点是企业，但人们不难看出，他的理论同样适用于个人。当人际网络建立在连锁关系上，人们将成为更大的社交网络中的一部分。为了在某个特定领域内获得成功，人们需要积累特定经验，与他人结盟或建立合作伙伴关系，同时让自己与支持该领域价值观的企业、组织和机构保持一致。对和埃里克·博纳博一样在法国电信这种机构庞大、官僚体系森严的公司做研发的工程师来说，这种情况尤其明显。然而，对于我们认为有可能尝试不同项目的人（比如，大学研究员、连续创业家、艺术家）来说，情况依然如此。

想象一下，一位小有名气的音乐家的价值网络是怎样的？她必须娴熟地掌握某种乐器，还要与乐队成员、音乐制作人、发行商保持良好关系。她要靠这些人帮自己制作和销售唱片。除此之外，她还要和音乐媒体的编辑和高管建立联系，与俱乐部和剧场老板维护关系。这些人懂得她的音乐，并且能帮助她传播音乐。最重要的是，这位音乐家必须获得一票粉丝的支持。她得靠这些人购买她的 CD 以及音乐会门票。这些个人、企业、客户围绕着某种特定的音乐形成一张价值网络，而这位音乐家便是这张网络的中心。她的地位与一家大公司里的中心人物相差无几。

价值网络是人们在一个领域内获得成功不可缺少的要素。这也是我们为何会建立价值网络的原因。也许你已经猜到，它同样造成了思维实现过程中遇到的种种困难。

为何要打破旧的关系网

虽然价值观是实现单向型创新的基础，但它也是我们追寻交叉点创新路上巨大的绊脚石。克里斯坦森指出，价值观正是那些“高高竖起竞争触角，耐心聆听顾客意见，不断投资新技术”的大企业最终宣告失败的原因。为了在他们的领域内获得成功（哪怕成功早已实现），企业必须建立起强大的价值观体系。不幸的是，这些价值观体系却在主动地违抗公司实现多元化思考的意愿，最终导致这些企业被创新能力强大的初创公司迎头赶上。

还记得第2章中讨论过的动画行业案例吗？《怪物史莱克》和《怪物公司》大获成功后，皮克斯等动画制作公司运用计算机技术颠覆了传统的2D动画市场。人们不难看出，这是一个行业（传统动画行业）被自己的价值观体系束缚手脚的典型案例。

制作一部完整的2D动画需要耗费大量人力，对技巧的要求也十分严格。自从《白雪公主》问世以来，沃尔特迪士尼公司一直是2D动画行业的领袖。传统动画一向是迪士尼的灵魂与核心。迪士尼的雇员受到的均是传统动画方面的培训，公司一些最重大的投资方案也是基于这个思路决定的，整个迪士尼集团都围绕着传统动画在开展工作。哪怕到了20世纪90年代，这一局面依然因为一些叫好又叫座的传统动画大片而没有得到改变，比如，《美女与野兽》（*Beauty and the Beast*）、《阿拉丁》（*Aladdin*）和《狮子王》（*The Lion King*）。

可是，迪士尼也逐渐有了在计算机图形世界里一探究竟的想法。1982年，迪士尼推出了科幻片《电子世界争霸战》（*Torn*）。尽管这部电影开创了电脑特效领域的先河，但它的票房收入却十分惨淡。迪士尼的价值观体系要求的是能引起轰动的电影。这样的影片需要更有趣的特效，这也就意味着公司需要投入更强大的技术支持并雇用更多专业员工。考虑到《电子世界争霸战》的惨败以及公司能投入的资源，迪士尼决定暂停向电脑动画制作转型。这个决定符合逻辑吗？当然！可是这只是因为工作室想要和公司现有的价值观体系保持一致。

相反，一家未受到现有价值观体系限制的公司，对这个问题的看法也许会有不同。史蒂夫·乔布斯从卢卡斯影业（Lucas Film）买下从事电脑图形制作的一小班人马，并把他们的技术应用到动画制作领域，皮克斯公司随即宣告成立。尽管这个小组掌握的技术还不足以制作长篇电影级别的影片，但是它已经找到了那些有可能从中受益的小规模市场。从1986年，也就是皮克斯工作室成立的第一年，直到1994年，除了一些短片和广告片之外，皮克斯并未推出任何作品。但是一旦皮克斯踏入交叉点，它既可以改进单向创新，也可以逐步进入其他市场。等到皮克斯工作室的技术发展到足以制作一部电影长度级别的要求时，它一定能一炮打响。有趣的是，迪士尼公司决定与皮克斯合作，以便在这个新科技领域占据一席之地。采取这种做法显然比彻底摆脱原有的价值观体系容易得多。然而，当皮克斯工作室最终决定在 2004 年终止合作关系时，迪士尼还是得回到原点，重新组建电脑动画团队。

探索多元化思考时，处在某个价值观体系内的企业往往要付出比未被价值观体系束缚的公司多得多的努力，这种情况同样适用于个人。让我们回到前文提到的音乐家例子。假设这位艺术家打算放弃原本的唱法，通过融合不同领域的元素来创造新的音乐，那又会发生怎样的事？可以想象到的是，新的音乐肯定会把其他的音乐元素和新的唱法组合起来。如果这位歌手决定继续追求创新想法，那么她会遇到什么情况？

首先，她要学习一些新的艺术技巧。其次，她也许要撇开以前的乐队成员，转而寻找能演奏这种新型音乐的人。用不了多久，她就会发现自己与原来的经销商、制作人、媒体编辑、公司高管的关系让她进退不得，这可都是她花费了数年时间苦心经营的关系。然而当她找到这些人，他们也许不会对这种新的音乐模式感兴趣。

那么，究竟有谁会感兴趣呢？这是一种还不存在的音乐形式，因此谁也拿不准什么人会对它感兴趣。到后来，那些花钱买专辑的粉丝和听音乐会的人也许会拒绝她的新唱片。歌迷们甚至会讥笑她“江郎才尽”，并苦口婆心地劝她赶紧回到她熟悉的并且被他们喜欢的音乐上来。新专辑的销量也许会十分惨淡，至少比从前的专辑差得多，成功不可期待，未来难以预料。她也许会干脆放弃这种新的音乐模式，回到自己熟悉的领域中。当人们努力实现某个交叉想法时，总是会遇到类似的挑战。

身处某个价值观体系之中，无论是个人还是企业都需要遵循许多程序和方法。这些程序和方法最终会磨灭人们冲破这层体系的念头。一旦价值观体系中出现了与现有观念不吻合的新思想，它们都会被清除。这便是为什么我们在进入交叉点的时候，必须与原来的价值观体系告别。这正是博纳博所做的事情。他离开法国电信，转向圣菲研究所。他与另一个领域的研究员、新机构、新朋友以及新客户建立了新的圈子，以实现自己的想法。博纳博之所以能在交叉点上获得成功，是因为他冲破了旧的价值观体系，同时建立起了新的网络。这并不容易，但是能够做到。下一个章节将告诉你怎样做。

第二节　重塑旧有的价值观网络

成功摆脱旧价值观网络体系的唯一办法就是停止对它的依赖。有时候，这意味着你必须辞去工作，再加入一个能迅速帮你建立起新价值网络的机构，就像博纳博一样。还有些时候，这意味着你必须从零开始，建立新的关系。建立新的社交网络意味着你需要随时做好准备，寻找新的同事、组织以及能为你的产品和主意买单的买家。你也许会认为自己如果从零开始，是不可能赶上一个有多年经验的竞争对手。但是请记住，你的目标不是去追赶别人。交叉点上不存在“别人”，或者说，至少没有太多的“别人”。

有些人可能会认为，同过去的社交网络体系告别就是将原有的社交网络抛弃。但是如果你想要增加自己在交叉点上获得成功的概率，你最不应该做的就是疏远从前的盟友。这不仅是因为你很可能从以前的关系网中找到至关重要的人际关系，还因为这张网络有可能，而且非常有可能会在未来对你有所帮助。事实上，你原来的关系网中的某些部分很可能成为你新关系网的一部分。

本书中提到的许多人都曾设法摆脱原有价值观网络体系对自己的束缚，但是同时尽可能不去疏远它。还记得德博拉·普洛希罗·斯蒂斯吗？为了把暴力预防与医疗保健联系在一起，她不得不把医生的价值网络暂时放到一边。她的首次成功来自她自创的一门课程，而这个领域与医疗领域毫无关联。但是渐渐地，普洛希罗·斯蒂斯把这一段经历逐步融入了医院的工作中。她之前不得不暂时放弃当时从事的领域，但是一旦找到正确的方法，她就又能够把二者重新联系起来。另一位曾经信奉医生价值观体系的人是狄巴克·乔布拉，他把传统西医与东方医学中的替代疗法结合在一起，并成为这个领域的先驱和领导人物。

在过去的20年间，狄巴克·乔布拉提出了无数与医疗保健相关的主意，并且把两个领域中的概念结合在一起。正因为如此，乔布拉被《时代》杂志提名为20世纪最伟大的百位名人之一。

在乔布拉准备去印度旅行一个月的时候，我赶在他动身之前找到了他。与他交谈时，我发现乔布拉的言语颇有哲学家的深意。他告诉我“创造的本质在于事物整体不可分割的性质”。随着交谈的深入，我逐渐了解到，乔布拉曾经对创意和创新的问题进行过深入思考。乔布拉过去一直致力于一项非常传统的医学：内分泌学。20世纪80年代，他是新英格兰纪念医院的主治医师，而且一手开拓了那家医院的内分泌疾病业务。当时的他早晨煮咖啡、抽纸烟，晚上喝点威士忌让自己放松，几乎每天如此。

20 世纪 80 年代的某个时期，乔布拉开始怀疑自己是否对人类健康方面的某个重要东西理解有误。他这样回忆道："那时，我开始注意到很多理论都无法自圆其说，我这才发现理论本身其实可能充满漏洞。"显然，医学干预无法解释为什么不同的患者恢复效果不一样。"患有相同疾病的两位患者，接受相同方法的治疗，得到的结果却不一样。"乔布拉说，"100 名相同病原的人，有些会染上疾病，有些却安然无恙。"他隐隐感觉到这种差异是由一系列原因造成的。比如，在确保身体健康的同时关注精神健康，这样才能提升我们的整体健康水平。再比如，正确的饮食加上冥想，可以对健康带来积极影响。乔布拉深信，如果把这种"替代疗法"应用于医疗健康领域，并且同西方医学先进的技术相结合，人类的医疗水平将大幅提升。与此同时，他还怀疑传统的医学领域会掩盖这种观察结果。他最终得出结论，自己还有很多东西要学。"我意识到我所接受的教育是不完整的。传统的观点无法解释一切。"

乔布拉开始发表他的观察结果，但他得出的结论有别于正统医学界的金科玉律。"在此期间，我一直在从事教学工作。我注意到我的同事因此而感到难为情，为此我辞去了教职工作。”这可不是一个简单的决定。对此，乔布拉是这样形容的。“我不知道自己的收入该从何而来，但是未知给我带来难以言喻的兴奋。你经常会前进两步，又倒退一步。当我开始这项工作时，许多人都认为我是在走偏路，一定是发了疯。”但是乔布拉甘愿拿自己的名誉冒险。“这是创造活动的基本原则，你必须承担风险。所有的创造都来自未知领域，而不是人人都知道的地方。”

在发表了 36 部著作后，今天的乔布拉已成为身心医疗领域内首屈一指的导师。1995 年，他在加利福尼亚州拉由拉市（La Jolla）建立了乔布拉健康中心（Chopra Center for Well Being），并且在那里把自己的影响力扩散到了全世界。尽管人们对乔布拉的职业生涯颇有争议，但毫无疑问的是，他凭借着惊人的洞察力，为一个新领域的出现铺平了道路。这是一个基于传统西方医学与东方替代疗法交叉点之上的领域。

尽管乔布拉不再依靠过去的人际网络，但他也没有刻意疏远它。那些过去曾将乔布拉拒之门外的机构对他敞开了怀抱。“我每年都会在哈佛医学院大会上发表主题报告。”他笑着说。乔布拉承认，他今天取得的成就会给他带来一定的满足感，尤其是在回忆起当年的焦虑不安时，“你知道，这花掉了我 15 年的时间。但是现在，我在乔布拉健康中心的课程获得了美国医学会（American Medical Assciation AMA）的承认，甚至连美国国立卫生研究院（National Institutes of Health, NIH）也在支持这个领域的研究。”

我们在本书中认识的许多人都曾经设法摆脱原价值观网络体系的束缚，就像乔布拉一样。马库斯·萨缪尔逊决意进入创新的烹调领域时，他辞退了餐厅里的多位大厨。理查德·加菲尔德辞去数学老师的工作，终于发明了万智牌。哈肯·朗斯从未在一家公司效力太长时间，也不会在一个行业或一种想法上停留太久。这种情况同样适用于企业。那些著名的企业也许不得不建立独立的部门，甚至繁衍出摆脱了其原有价值观网络的新实体。看一看你的周围，审视那些构成你价值观网络的重要环节。我不是在建议你们放弃它们，但是如果你想要进入交叉点，就必须停止对它们的依赖。

坚定的执行力是作战成功的关键

当你踏入由各个领域、学科、文化形成的交叉点时，你必须做好战斗准备。战斗可能会发生在多个层面。人们可能无法相信你正在做的事情，而且会公开表示自己的怀疑。有时候，多元化思考可能会对现存的领域造成威胁。来自该领域的人自然会想尽办法阻止大众接受你的想法。为了打破社交网络，建立新的网络，你还得面对来自那些领域的人发起的挑战。哈肯·朗斯曾多次与大公司，以及他所逃离的形形色色的股东做斗争。普洛希罗·斯蒂斯和乔布拉都曾经这样做。还有一位创新人士也做过同样的斗争。这是一位生着栗色头发，自学成才的电脑黑客，名叫林纳斯·本纳第克特·托瓦兹（Linus Benedict Torvalds）。

托瓦兹从未想过自己能在21岁的年纪实现一番作为，但他确实做到了。或者说，至少是一个想法使他做到了这一切。托瓦兹创造了一种名为“Linux”的计算机操作系统，这也是当今世上发展最快的计算机系统。Linux是两种概念结合的产物：一种是可以不断升级的操作系统，另一种是“资源开放”的版权模式。20世纪90年代早期，在电脑黑客眼中，“资源开放”几乎是“自由恋爱”的同义词。它的基本意思是，任何人都可以使用Linux系统，只要他们不把它卖给别人；任何人都可以对Linux系统进行升级改进，只要改进者把自己改进的地方公开即可。这种版权模式鼓励黑客们不断调整改进Linux系统。这种软件开发者的人数最初只有十几人，但这个数字不断增加，最后多到连托瓦兹本人也想象不到的地方。今天，Linux的“企鹅”商标麾下已有成千上万的拥护者。

这么多人自发地对同一个产品进行测试和改造，这款产品迟早会被完善得很好。真实的情况正是如此。Linux 早期的版本十分不稳定，在大多数计算机上都不适用，甚至有可能损坏硬盘。但是用不了多久，情况就发生了变化。今天，《财富》500 强的许多公司都使用 Linux 系统，因为这一系统的运行速度更快，价格也更便宜。

1991 年，当托瓦兹推出 Linux 的第一个版本时，这款产品便在软件开发行业掀起了一阵骚动。然而在那个世界里，有一个人不太高兴。此人就是荷兰的安德鲁·塔嫩鲍姆（Andrew Tanenbaum）教授。塔嫩鲍姆教授是操作系统领域的大师。他曾经发明过一款名为“minix”的操作系统。Linux 成了 minix 巨大的威胁，这把 minix 操作系统迅速推向生死边缘。用不了多久，塔嫩鲍姆教授便站出来公开反对 Linux。

“由于我职业的关系，我想我略知操作系统在一个 10 年或者更长时间内的发展方向……Linux 是一个巨大的倒退，一下子退回了 20 世纪 70 年代……好在你不是我的学生。对于这样的设计，我给出的分数不会很高。”

然而托瓦兹不肯让步，并对塔嫩鲍姆的讥讽做出了激烈地反击。他的话成为 Linux 早期的逸事。这场交锋你来我往地进行了几个回合，双方谁也不肯让步。有一次，塔嫩鲍姆甚至说，

“Linux 是过时的废物。”

这是托瓦兹整个事业的最低谷。塔嫩鲍姆教授公开称他是“无能之辈”。托瓦兹对此做出了激烈反击。他最终坚持了下来。这场战斗为人们提供了宝贵的经验，在接下来的 10 年中，许多财力雄厚的公司与个人都对 Linux 发起了挑战。托瓦兹最初和说“不”的人抗争，后来又和微软这样的大公司斗争。虽说你所面临的挑战也许不会这样激烈，但你必须做好准备，与你探索交叉点时遇到的怀疑者和因为惧怕你带来威胁的人战斗。否则，你最好趁早死心，回到原来的领域。

后来，我看到微软最强大的竞争者之一的甲骨文公司在《经济学人》（*The Economist*）杂志上刊登的一则广告，终于明白 Linux 已经走了多远。这则广告写的是：“坚不可摧的 Linux。人人都知道 Linux 更便宜。现在，人们也看到它是更快、更可靠的。”真不可思议！从黑客的乌托邦到蓝筹股……Linux 才用了不到 10 年！

到目前为止，我提出的所有建议从某种程度上都会让人们感到不安。摆脱原先的领域、打破依赖的链条、准备战斗，这些都要求我们具备在风险中生存的能力。想要让交叉点上的想法获得突破，人们必须承担风险。那么，我们要如何做到拥有把现有的价值观网络体系抛到一边的勇气？我们要怎样在犯了错误之后还有信心继续生存下去？这都是人们在实现多元化思考的时候容易忽略的东西。在下一章里，我们将会对这些问题进行探讨。

第九章　具备基本的风险意识，更要敢于期待不一样的人生

1984 年，理查德・布兰森创立的维珍音乐公司已是顶尖的唱片公司，年利润高达 1 100 万英镑。同年 2 月，一个名为伦道夫・菲尔兹（Randolph Fields）的美国律师问布兰森是否有意合作，建立一家跨大西洋的航空公司。听到这样的提议，大多数人也许会挠挠脑袋，奇怪一家音乐公司怎么会把业务延伸到航空业。然而，布兰森对这个提议感到无比兴奋，立刻开始着手市场调研工作。

他首先给人民捷运航空公司（People Express）的订票处打了个电话。这家航空公司提供往返伦敦与纽约的廉价机票。布兰森整个周末都在给订票处打电话，电话却一直占线。他由此得出结论，人民捷运航空公司要么是顾客多到服务不过来，要么就是管理出了大问题。如果是管理出了问题，那这家公司用不了多久就会被淘汰。但如果是第一种情况，也就意味着这里头还存在着竞争空间。第二天，布兰森给波音公司打电话，想知道他们是否能出租一台大型喷气式客机，租期为一年。这样

的话，如果他的航空业务进行不下去，他还能把飞机退回去。布兰森在好几位经理之间游说了一整天，波音公司终于答应了他的要求。这番精心准备完成之后，布兰森拨通了生意伙伴的电话。

“你觉得办个航空公司的主意怎么样？我有个建议……”

“看在上帝的分上！你真是疯了。赶紧打消这个念头吧！”

“我是认真的。”

“才不是。你就是发疯了。”

6个月以后，“维珍大西洋”开启了它从伦敦至纽约的首飞。后来，布兰森的航空公司大获成功，航线已经遍布全球的各大主要城市。这个世界上比布兰森更懂飞机、航线与旅游的人不计其数。那是什么让布兰森有信心开拓这个全新的领域？他的市场调研只不过是两通电话，还有一通电话根本没有打通。那么像理查德·布兰森这样的人是怎样有勇气做那些很多人想做却不敢做的事情？布兰森恰巧看到了运作维珍唱片公司与开办一家航空公司之间的联系。没有一个娱乐大亨像他这样热衷于多元化，积极寻找事物间的联系。即便他们有这样的热情，又是否敢于实现他们的想法？

有一种普遍认识是，布兰森之所以如此大胆，是因为他本就是一个爱冒险的人。他就是这样一个古怪的人。冒险对于他而言就和呼吸一样简单自然，这是他与生俱来的特质。我们能做的就是冷眼旁观，对他疯狂耸耸肩，摇摇头，然后转身做我们自己的事情。不！请不要这么快下定论。

布兰森稀奇古怪的行为也许没有人们想象得那样疯狂。通过研究像他这样的人，我们可以发现一些重要的线索，以应对我们面对交叉领域时的恐惧。

第一节　风险与机遇并存

冒险，无论采取何种形式，均需要承担一定的风险。我们是否有理由相信追寻多元化思考所承担的风险，区别于追寻单项思维所承担的风险？是的，二者实际上天差地别。

首先，交叉点是完全未知的领域，人们无法简单地把过去的知识与经验应用于此。在某个特定领域中，我们可以预估开拓新市场，写出在技术层面引起轰动的文章，发现另一套基因组合排列次序的可能性。正如第 9 章中提到的，失败意味着我们未能达到预期，但是至少可以实现目标的一部分。比如，销售情况也许不像我们想象得那么好，但我们至少实现了销售。开发某个新技术所耗费的时间也许比我们预估得更久，但我们总归能完成这项工作。无论如何，我们通常都会在特定的方向取得一定进展。

然而在交叉点上，失败可能意味着一个主意根本行不通，失败就是一败涂地。我们是否真的有可能根据蚂蚁群体行为的方式，让通信的信号传输更加有效？这会不会是在浪费时间？谁也不知道人们会不会为理查德·加菲尔德的卡片交易游戏买单，因为在此之前根本没人玩过这样的游戏。这些可怕的不确定因素足以让想要在交叉点上猎奇的人望而却步。

此外，由于失败是可接受的，整个社会在多元化思考上可承担的风险也就大于在单向思维上可承担的风险。最让人们感到担心的不是损失金钱或者浪费时间，而是损害尊严、名誉、地位以及平日里熟悉的朋友对于他们的失败态度。换句话说，失败所带来的风险比冒险本身带来的风险大得多。从这一点上可以看出，交叉点的未知性是它与人们普遍接受的已知领域相比最大的劣势。如果你走的路是人们普遍认同的正确道路，你的名声显然不至于遭到太大伤害。若是情况相反，你选择了一条少有人走的道路，而且不幸失败了，那么你必然会遭受严厉批判，你所承受的压力也许会更大。失败带来的耻辱可能是毁灭性的。经济学家和“世俗的哲学家”约翰·梅纳德·凯恩斯直言不讳地说：“情理之中的失败比意料之外的成功更让人容易接受。”

尽管这里提到的大部分证据更像是奇闻逸事，但是在特定的社会当中，失败的耻辱与相应数量的具有企业家精神的活动，二者之间存在着明显关联。欧盟委员会的一份报告显示，在欧洲或亚洲遭遇商业失败所带来的反应，会比在美国遭遇商业失败更激烈。在欧洲和亚洲，商业上的失败不仅会导致严重的经济后果，还会被你的同行看作是失败者。可是在美国，创业失败往往被看作是一件能被接受的事情。话虽如此，即便在美国，失败依然有可能是一件可耻的事情。这种现象将导致人们极力避免自己被贴上"失败者"的标签，故而坚持错误的想法，或者长时间表现欠佳。不幸的是，这样做会降低人们产生或追求突破性思维的可能性。惧怕在交叉点上失败，这样的心理作用也许会极其强大。那么，我们要怎样克服这种恐惧呢？

我经常听到的一个普遍策略是，我们应该最大程度降低风险。降低风险的一大方法，即尽可能地积累项目所需的资源。我们要是有更多的金钱、时间、人脉等，就可以使失败的风险降到最低。但是这种观点有没有依据？在应对风险与恐惧，努力培养勇气时，这种方法真的管用吗？

交叉点上的勇气从何而来

霍华德·伯克（Howard Berke）是Konarka公司的联合创始人兼主席。Konarka是一家光伏公司，它可通过太阳能电池把光能转化为电能。简短说，Konarka是一家结合了能源与化学的公司。在创办这家公司的人中，没有任何人曾在与能源有关的企业中工作。不过读到现在，本书的读者大概已经不会再因此感到惊讶了。伯克对此不以为意。这家公司的另一位创始人，曾获得2000年诺贝尔化学奖的艾伦·黑格（Alan Heeger）先生显然也不认为这是个问题。可是我要说伯克明明知道大多数太阳能公司的历史都是失败的历史，却依然不以为意，您是不是会有些惊讶？

Konarka公司面临的风险不仅是产品卖不出去（这是任何企业都可能遇见的问题），它还面临着极大的技术风险。换句话来说，这家公司研究的技术也许根本不管用。“但这不是我们停止前进的理由。有太多人因为恐惧失败作茧自缚。”伯克这样说，然后他又补充了一句实在话，“如果这家公司失败了……那我再开一家公司就是了。”

霍华德·伯克是个说话轻声细语，但意志坚如磐石的人。在Konarka成立之前，他还开办过另一家公司。事实上，从20

世纪 80 年代早期开始，伯克就独立或与人合伙开办了 12 家公司，而且还与更多的公司有牵连。“连环创业家”这个词根本不足以形容伯克。当我向他问到这些企业的后续情况时，他说：“让我想想。其中 3 家公司公开发行股票上市，我想你大概会说它们是成功的。3 家公司经营得还不错，3 家公司取得了有限的成功，1 家显然让人失望，还有两家……现在做评判还为时过早。”每当伯克谈论起一个项目时，他总是充满激情，滔滔不绝。他最喜欢小公司，因为小公司的雇员可以“分享一块更大的蛋糕”。伯克的创业历史让人印象深刻，部分原因是他对于交叉点思想的追求，部分原因是他总能成功地避开大多数人都会遇到的陷阱。

“我创办的每家公司都至少处在两种产业的交叉点上。这是一种人为的策略，是我实现创新的方法。”这条线索始于 20 多年前的 ADAC 实验室。伯克不是 ADAC 实验室的创始人，却是早期的加入者。“我们为医学诊断提供数字影像。”伯克说。这在今天已经不是什么新鲜事，但在当时可算得上是连接多领域的创举。从那以后，伯克就一直在网罗各个领域的天才。尽管这些人不太明白自己的想法与别人的专业有什么关联，但伯克本人对此很清楚。“我不停地向他们提问。这样做怎么样？那样又怎么样？用不了多久，我们就会发现一些派得上用场的东西。”伯克旗下的企业涉及的领域十分广泛，有医疗器械、健康保健、生物技术、计算机软件、能源科技、通信技术，还有一家饼干公司。“我对饼干一无所知。”伯克说，“因此我很愿意试一试自己从未尝试过的东西。这让我感到非常兴奋。”

他敏锐地意识到在两个领域的交叉点游走的风险。“如果你能发现两个行业之间的关联处，就能够为一个新产业的形成奠定基础。”他说，“但这其中隐藏着风险。风险就是，你的想法也许是对的，但有可能太超前。特定领域的交叉点现在是这种情况，10年以后也许又是另一种情况。你孤身踏入交叉点，找不到任何可以依靠的人。”话虽如此，但伯克可不害怕这些风险。事实上，他还颇为乐在其中。他看不出跟风成立一家企业有什么意义，相反，他之所以成立公司往往是因为这些公司有可能实现创新。“这样，你至少有一个出击的机会，能成立一家有可能实现突破的公司。”伯克如是说。

尽管霍华德·伯克完美地佐证了交叉点如何使人鼓起勇气，但是我们不难发现，伯克可能做过很多不同的事情，但没有一件事是关于降低风险的。人们可能会认为充足的资源将大大增加成功的可能性，但伯克相信，充足的资源有时候反而会让成功的可能性降低。不，他从未想过要通过降低风险这样的方式实现交叉想法。别惊讶，事实上，你或许也不必这样做。

不必降低风险

人类的天性使得人们倾向于让自己待在某种“可以接受”的风险水平上。“可接受”的程度因人而异，并且会随着人们生活阶段的变化而变化。每个人都有自己觉得舒适的风险水平。加拿大心理学家、风险学专家杰拉尔德·怀尔德（Gerald Wilde）把这种现象称为“风险平衡现象”（risk homeostasis）。简而言之，这个概念是指人们会通过某些方面规避风险，对某些高风险操作则做出补偿。

想象一下，如果你要驾车进入一段光线昏暗，又全是急转弯的危险路段，你自然会放慢速度，以免遇到新的危险。相反，当你离开这段危险路段，驶入宽阔笔直、光线充足的大道，你又会加快速度。这种行为模式十分合理，毋庸置疑。但是这种行为不应被看作是直觉使然，其实还有其他的原因。这暗示我们所采取的旨在减少风险的措施几乎不起作用，比如我们用来保证道路安全的一系列措施。我们的行为本身的风险性越大，便会自发地对其加以补偿。

这个结论来自德国慕尼黑的一项重要研究。实验人员在半数的出租车上安装了刹车防抱死装置，另一半的车上则没有安装。接下来的 3 年中，实验人员通过隐藏的传感器对这些司机进行秘密监控。刹车防抱死装置的好处在于，它可以让司机更好地控制车辆。这一装置可以防止车轮在紧急制动的情况下锁住，因此即便是在刹车的情况下，司机也可以较为容易地控制汽车。人们自然而然地认为，这一装置能降低交通事故率。然而事实却并非如此。装有刹车防抱死系统的汽车发生交通事故的概率与未安装这一系统的汽车没多大差别。因为一旦有了系统的保护，司机就会感到有恃无恐，车开得更快，刹车更猛，提速更快、越道抢行、急转弯等。

这种情况似乎有些违背直觉。风险平衡机制也表明，我们所采取的许多挽救生命的努力其实根本没有作用。杰拉尔德·怀尔德之所以选择研究交通事故，是因为这里保存了完整的统计学资料。无论他观察的是哪个领域，观察到的行为模式都是一样的。那些参加了最好的汽车驾驶培训课程的司机出现交通事故的次数与只接受了基本训练的司机一样多。这是由于那些只接受了基本训练的学员在道路上的危险驾驶动作更少。带斑马线标志的人行横道线并不能减少这一区域所发生的交通事故。一些针对此类事故的调查报告显示，之所以会出现这种情况，是因为人行横道给路人带来“一种错误的安全感，认为司机在任何情况下都可以，而且也会把车停下来”。

我们都知道，系安全带有可能提高乘客遇到事故后的存活率。但如果我们只是系安全带，却不改变自己的驾驶习惯，难道就能安全了吗？假设你没有系安全带，驾驶的时候是否会更小心一点？大部分人都会。同理，研究证明，如果我们系上安全带，驾驶时自然不会那么小心。风险平衡机制经常能在我们无法预料的地方影响着我们的生活。比如，儿童安全瓶盖刚发明出来的时候，儿童误食药物中毒的情况反而增加了。这是因为有了儿童安全瓶盖，孩子的父母就不会想着把药瓶放在远离孩子的地方。那么风险平衡机制在交叉点领域上是怎样起作用的？

资源并非越多越好

风险平衡机制解释了为什么在交叉点上把风险降低到最小的观点是不可行的。我们总以为更多的金钱、时间、经验、人脉是可以帮助我们实现交叉想法的变量。这些东西显然是有用的，但是不一定能降低失败的风险。在我们可以实现的范围内，这些东西是对我们有帮助的，但是它们并没有增加成功的机会。有了更多的资源，我们想实现的东西必然也更多。

换句话说，更多的资金必然带来更大的花费，更充裕的时间代表未来需耗费的时间更多，更丰富的经验或更优质的人脉意味着你需要更大程度地依赖这些东西。我们未必会浪费时间、金钱或人脉关系，但我们会利用手头的资源做尽可能多的事情。在这个过程中，我们逐步增大了失败的风险，直到达到一个潜意识中让人满意的水平为止。从避免失败这个角度来说，当你准备踏入交叉点，风险最小化也就变得没那么重要了。一旦你取得了“临界”资源，也就是霍华德·伯克说的“启动实现你的想法所需要的最低限度的资源”，你就应当开始对交叉点的探索。等待毫无意义，坐等更多的资源并不能减少失败的风险。以布兰森为例，他需要波音公司一架飞机一年的使用权，来测试他的想法是否能奏效。布兰森没有经营航空公司的经验，这从理论上提高了风险。但是他通过加倍努力补偿风险，反而让风险降了下来。你可以争取自己所需的资源（就像第 10 章讨论的，尝试几次就可以了），但不需要太多！

要是说伯克和布兰森成功的秘密，不是勇敢应对恐惧的勇气，那还会是什么呢？他们是怎样做到的？仅仅是无视恐惧，埋头向前冲吗？情况并非如此。如果你仔细听听伯克和布兰森的自白，就会明白他们实际上并没有忽略对失败的恐惧。他们把失败视作创新的组成部分，因此能在一定程度上坦然接受失败。那么，究竟是什么使得他们能够接受失败的风险呢？

他们与众不同的地方在于，他们掌握了一个秘密。这也是我在这本书中反复提到的观点：如果你想要创造出有革命意义的东西，那就直奔交叉点。交叉点上最有可能出现创新，因为交叉点上经常可见独特概念的组合大爆炸。大量的概念组合为新思想的出现提供了巨大的推动力。换句话说，对开创新领域来说，交叉点其实是一个低风险的地方。

布兰森与伯克很了解这个秘密，因此得以避开与风险相关的人为陷阱。这些陷阱总是阻拦我们追求交叉想法，使我们在自己的领域内裹足不前。针对交叉点上存在的风险，布兰森与伯克采取的是一种更中庸的态度。在接下来的章节里，你会看到其实你也可以这样做。

第二节　面对风险，勇于挑战

面对风险，人类总是无法做到绝对理智。我们总会受到情绪的影响，尤其是被恐惧影响。很大程度上，我们会不由自主地权衡利弊，患得患失。我们如果想要了解理查德·布兰森与霍华德·伯克这样的人是如何面对交叉点上的风险的，就必须先了解人类恐惧时的心理状态。他们是如何使自己产生与其他人无法拥有的勇气？我们要怎样向他们学习？至少有两种策略可供参考。

1. 避免与风险相关的行为陷阱；

2. 承认风险与恐惧。

避免与风险相关的行为陷阱

在一次采访中，惠普公司CEO卡莉·菲奥莉娜告诉《财富》杂志的记者："你不会想创造一个完全规避风险的环境。因为商业就是一场冒险。谨慎地冒险，有计算地冒险，不肯承担风险，就做不成生意。"

那么，何为"有计算地冒险"呢？答案很明确。你现在有机会赢得1万美元，一种方案赢钱的机会是80%，另一种方案赢钱的机会是50%，那么你会怎样选择？答案显而易见，你会把赌注压在赢钱概率更高的方案上。有计算地冒险指的是你会选择赢面更大，收益更大的方案。很简单，不是吗？

没错。从理论上看这的确很简单。但现实情况真是如此吗？首先，我们难以精准地计算出成功或失败的概率，尤其是在需要综合权衡的时候。其次，我们不能简单地判断输赢，尤其是当涉及金钱以外的因素时，如地位、幸福、名声等。最后，即便我们把这些东西都算进去，当我们在风险与恐惧的双重压力下做抉择时，我们的情绪也会被搅得一塌糊涂。这也就意味着，即使我们能精确地计算出成功的概率与决策的结果，受到恐惧

打破思维壁垒

逆转假设

如何多角度看清事物的本质

对以往经验的复盘

《思维不设阳

既然时代的变化与不确定
那我们就想办法从中获益

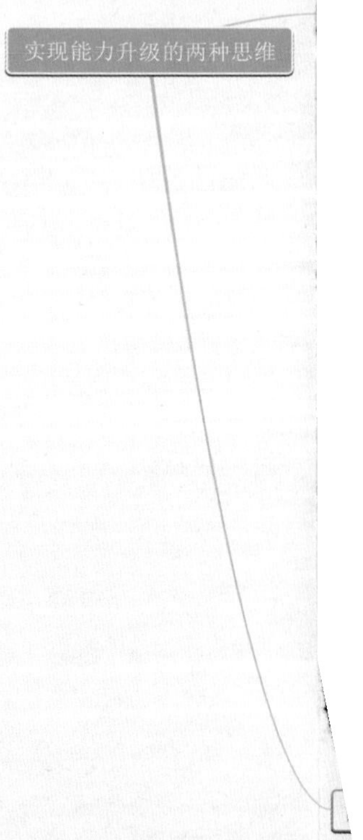

》思维导图

无法避免，

！

- 成长型交叉思维
  - 思维高手具备的底层逻辑思维
    - 降低壁垒
      - 打破联想壁垒
      - 适应多种学习方式
      - 逆转假设
      - 从多个角度看问题
    - 发现随机组合
      - 随机组合
      - 发现组合
    - 逆转假设
      - 假设
      - 逆转假设
      - 设想情况
      - 贯彻执行
    - 引爆想法
      - 积极创想
        - 罗列法
        - 头脑风暴
        - 脑写法
      - 延展思考的深度和广度
      - 让时间来检验
        - 孵化器，记录下突然产生的想法
        - 复盘总结，判断思考的有效性
  - 好主意和创意如何制造
    - 主动思考，持续产生多点思维上的指数级想法
    - 对世界充满好奇心
    - 搞定头脑风暴
    - 成功的创新人士喜欢通过良性循环产生海量想法
  - 如何在不断变化的时代里持续获益
    - 对已有经验做好总结和复盘
    - 建立起长效的积累和激励机制
    - 重塑旧有的价值观体系
    - 能够多角度预测，应对和处理已经或可能发生的风险
    - 终身学习，适应不同的学习方法和模式
- 固定型直线思维
  - 不断精进自己已经掌握的技能

的影响，我们也极有可能做出不理性的决定，而且这种情绪对所有人都会造成影响。

彼得· L. 伯恩斯坦（P.L. Bernstein）在他的著作《与天为敌：风险探索传奇》（*Against the Gods: The Remarkable Story of Risk*）中针对这一行为做出了很好的说明："第二次世界大战期间，一个寒冷的冬夜，德军又一次对莫斯科发动空袭。苏联一位著名的统计学教授出现在地下防空洞里。在此之前，他从未来过这个地方。'莫斯科一共居住着 700 万人，炸弹怎么就会偏偏落到我的头上？'他对众人说。听完这话，他的朋友们震惊地望着他，不晓得他为什么突然改变了主意。'听着。莫斯科总共有 700 万人和一头大象。昨天夜里，他们炸了那头大象。'"

故事里的统计学家知道炸弹落到自己头顶的可能性十分渺茫。然而，由于前一天晚上发生了一些看似不太可能发生的事情，冰冷、理智的计算败给了他的情感。人们很难通过纯粹的计算对风险进行权衡并做出判断。人类的情感怪癖使我们深陷困境，这个因素还使得不同学科、不同文化在交叉点上进行的创新过程更加难以进行。情感怪癖总是把我们推向单向创新的方向，使我们远离交叉创新，即便是人们在两种创新方式下面临相同风险的时候。

但是如果我们能够了解自己对失败的恐惧从何而来，我们就能与之战斗。为此，我们需要对人类矛盾的内心世界进行探索，那可是一个让人感到陌生、微妙且扑朔迷离的世界。在那里，我们将会学到如何以中庸的心态看待风险。

陷阱 1：如果进展顺利，我们就应该待在一个领域

假设我们必须在以下情况中做出选择：

要么花 3 000 美元，要么参加一场赌博。赌博意味着你有 80% 的概率得支付 4 000 美金，剩下 20% 的概率分文不花。

那么，你会不会选择赌一把，去争取 20% 的机会？大多数人都会这样做。92% 的受访者表示他们愿意赌一把，要么输 4 000 美金，要么分文不出。但是奇怪的是，从概率的角度来看，参加赌博预期的损失是 3 200 美元（即 80% × 4 000=3 200），将比注定要承担的损失多 200 美元。这个实验否定了一个普遍的看法，即大多数人会选择规避风险。从这个实验看，绝大多数人事实上乐于冒险。但是如果我们把实验中的条件改一改，又会出现怎样的情况？

要么给你 3 000 美金，要么参加一场赌博。赌博意味着你有 80% 的概率得到 4 000 美金，剩下 20% 的概率一文不得。

改变问题的提法让情况变得有趣。在这种情况下，大多数人都会选择不参加赌博。80% 的受访者选择第一种方案，即确定能到手的 3 000 美元。尽管从数学方面而言，参加赌博获得的收益期望仍然是 3 200 美元，但是我们的受访者突然从欢迎风险转变成了规避风险。对此，我们要如何解释？

这项研究是由丹尼尔·卡尼曼 (Daniel Kah-neman) 和阿莫斯·特沃斯基（Amos Tversky）两位心理学家主持进行的。他们提出了一项“展望理论”（ prospect theory ），这个理论表明，与其说人们讨厌不确定性，倒不如说人们是惧怕受损失。我们的日子也许很难一下子变好，但是要在短时间内变坏是很容易的。这就是我们宁愿赌一把，避免自己蒙受（金钱）损失的原因。损失带来的冲击远远比收获喜悦得到的快感来得强烈。人们更容易想象损失带来的痛苦，因此会不由自主地产生恐惧。

在实验室以外的地方，因为害怕蒙受损失而做出非理性的反应随处可见。最明显的例子就是在股票市场上。当一只股票处在上涨期时，为了确保收益，我们极有可能将其抛售。当一只股票持续下跌时，我们也许会选择继续持有，期盼着它有朝一日能够涨回来。这种情况不仅适用于业余投资者，对专业投资人而言亦是如此。那么问题来了，我们为什么非要等到要失去的时候才肯冒险，当我们有条件做出决定的时候却又畏首畏尾？从长远来看，我们所失去的必然大于所得到的。

我有一位名叫“马丁”的朋友。他是一位经验丰富的扑克牌玩家，而且是位常胜将军。一次，当我问起他的常胜秘诀时，他是这样回答的：“噢，其实观察对手的反应，猜测他们是不是虚张声势没多大用处。这样做的确能帮助判断，但不是决胜因素。决胜关键在于坚守规矩。当你拿到一手好牌后，赌注可以下得大一些。牌不好的时候，一定要保持低调。纸牌无非是赢的时候多赢一点，输的时候少输一些的游戏。”马丁无数次见证人们运气越来越差的时候投下更危险的赌注，情况好转时又过早地锁定胜局。从长远看来，这些人必然是输多赢少。

这种情况也解释了当一切顺风顺水时，我们总是倾向于停留在自己的固有领域，而不肯冒险前往交叉点。我们大多数人宁愿不出力，也不愿意冒险失去我们现有的东西。用小规模、可把控的步调向前推进，会让人感到心安，这样做可以让人们相信他们不会失去即将到手的东西；一位在某个领域颇有声望的科学家，只要在这个领域不断深入，就可以保住自己的地位。一家在某个市场占有优势，或拥有领先产品的公司总是倾向于牢牢把握住既有市场，毕竟白白放弃到手的机会实在是太傻了。这一切导致的后果是，我们越来越不愿意尝试交叉点想法，因为冒险会危及我们现有的地位和安全感。

当事情进展得不顺利时，这种行为模式会产生鲜明的变化。当我们真正要冒极大的风险，或者想要尝试一些新东西的时候，就属于这种情况：害怕被解雇的人也许会愿意尝试新的想法，并且把它当作自己的救命稻草。对于资金枯竭的科学家来说，情况也是如此。他们别无选择，只能进入一个新的领域，偶尔也因此歪打正着，获得非常了不起的交叉点想法。

然而有一个问题是，如果我们只肯在自己表现不好的时候承担风险，探索交叉点，那么我们获得机会的成功率就会降低。当我们面临资源匮乏、人际关系紧张、诚信缺失以及时间短缺等情况时，我们不太有可能从过去的失败中走出来。相反，我们应该在情况好转的时候努力尝试创新，抓住更多的机会。只有在成功的时候，我们才最有可能承受得起失败，这是实现多元化思考的关键性步骤。

理查德·布兰森和霍华德·伯克都会有意避开这种行为陷阱。布兰森是在维珍音乐如日中天的时候进军航空领域的。除了布兰森以外，维珍公司的所有人想的都是如何在音乐界更进一步。但是布兰森在一个完全不一样的领域看见了机遇，并且及时把握住了它。伯克也是如此。即便法国电信当时风头正盛，他也会离开公司，寻找多元化思考，伯克很清楚，他应该换一个领域，书写新的传奇。

陷阱 2：不改变领域是因为在这个领域耗费了时间

想象一下，你投资了 1 000 万美元用于研发一种新型太阳能科技，却一无所获。那你还会追加投资吗？

也许会，也许不会。但是无论你做出怎样的选择，它都与你已经花掉的 1 000 万美元没关系。所有标准化的经济学教材都会告诉你，决定你是否会投入更多时间或金钱的关键不是过去，而是未来。经济学家把已经花出去的钱称为“沉没成本”。因为投资出去的钱已经散尽，不可能再回到你手中。既然如此，你需要在意的是这笔钱未来能给你带来什么。比如，你可能会发现自己最初投资的技术根本行不通，那么继续投资将于事无补。当然，你还有可能发现这项技术不仅管用，而且有着极大的市场需求，那么在这种情况下追加投资就是很合理的。无论属于哪种情况，你已投入 1 000 万美元的事实不可更改，再追究这些毫无意义。

同样的原则也可适用于我们在某个领域中耗费的时间。如果你在一个领域耗费了数年光阴，这么多年的时光足以使你留在这个领域，即便这可能会让你付出一定的代价。你也许曾经听到你的朋友抱怨他对自己现在的工作已不再有热情。但是这位朋友可能还会说：“我在这个行业里投入了太多，现在放弃实在不值得。”与对损失的恐惧一样，这又是一种与风险有关的情感纠葛。当我们在一件事情上投入了太多，理智会告诉我们别再继续。但实际上，不论我们讨论的是时间还是金钱，这两者都是沉没成本。既然它们都不可能被追回，那它们都不再重要。重要的是未来。这种情感陷阱为我们进入交叉点制造了严重的障碍，即便我们已经找到了一些值得一试的好主意。这是一种相当普遍的陷阱，人们往往很难避开。但是意识到这个陷阱的存在，有助于我们战胜它，同时有助于我们向前一步。在涉及创造性活动时，无论是伯克还是布兰森都表现出了坚强的意志。这种意志不断把他们向前推。他们过去做过的事情不会成为衡量今后应当做什么事的标准。

陷阱 3：从单向的角度看待交叉点上的风险

想象一下，你的社区爆发了一场可怕的疾病，而你是救助活动的负责人。600 人的生命危在旦夕，而你可以在两种疫苗当中进行选择。第一种疫苗肯定能挽救 200 人的性命。第二种疫苗还处于试验阶段，疗效尚无法确定。这 600 人有 33% 的机会能悉数获救，67% 的可能会丧命。在这种情况下，你会如何选择？

在这个实验中，大部分人都会选择救 200 人的性命。现在再想象你要在以下两种情况中做选择：使用第一种疫苗，600 人中会有 400 人死去。使用第二种尚在试验阶段的疫苗，有 33% 的概率能挽救所有人的性命，67% 的概率会让所有人丧命。你会怎样选？

在这个版本的故事里，78% 的受访者表示他们愿意尝试第二种疫苗。这样的结果十分有趣，因为两种情况分明是一样的，只是表述方式略有差异。按照第一种描述，你可以挽救 200 人性命。按照第二种描述，你会断送 400 人的性命。人们应对风险的习惯因为“挽救”和“断送”发生了剧烈的变化。

这个著名的实验表明，一个问题的表述方法将会对人们的情感产生深刻影响。仅仅由于是表达方法不同，同一个人看待同一种情况时，既有可能认为它是冒险的，同时也有可能觉得它是可靠的。当研究人员提出研究对象前后反应不一致时，卡尼曼和特沃斯基表示，“他们感到十分困惑。哪怕是重新阅读了测试问题后，在问题的第一种提法，即‘挽救生命’的提法之下，他们依然愿意采取规避风险的态度。”这个研究表明了从多种视角看待思考风险问题的意义。

不幸的是，我们常常只会从单一的角度看待交叉点上的风险，也就是我们探索单向领域时逐步培养出的视角。与交叉点相比，既定领域中的风险更好判断。在这些案例中，我们知道什么是最紧急，最危险的。可是如果我们始终按照从前的方法评估交叉点上的思想，我们永远会认为不确定因素太大。以错误的参考标准评估，哪怕是最好的多元化思考也会看上去太冒险。出于这个原因，我们自然会远离多元化思考。那么我们要怎样打破这个魔咒呢？

我认识的有识之士在面对交叉点上的风险时，全都设法转变了他们看待问题的角度。比如霍华德·伯克，他把大部分的精力都投入到了学习中。“我出生于一个贫寒的家庭，未来也有可能一贫如洗地离开这个世界。但是在生与死的这段时间里，我学到了很多东西，生活得十分快乐。”他说。伯克想要学习新产业是如何运行的，而且总是走在新领域的最前端。有了这个棱镜，伯克对于交叉点思想的追求看上去不再那么具有风险性，甚至多了几分可靠。理查德·布兰森最看重的是“乐趣”，这也是他“最重要的商业准则”。今天，布兰森的策略是把维珍集团扩展到不同领域和行业中。布兰森无法确定某些事情是否能行得通，但是如果那些事情本身有趣，而且让人感到兴奋，试一试也无妨。事实上，在那些让人无聊的东西上，布兰森可不愿意承担什么风险。

马库斯·萨缪尔逊也有自己的独特视角。对此，他是这样说的：“尝试一些不一样的事情，冒险探索从未有人走过的路，这对我来说是唯一的机会。”如果固守某个传统的烹饪领域，对他来说，创新是很困难的。约翰·希利·布朗一针见血地指出，无论成败与否，多元化思考一定会带来未来机遇的大规模扩张。因为交叉点“是各个学科之间的空白点”。如此说来，探索交叉想法事实上是大势所趋。可以说，这是一个风险很低的建议。

对于视角转换的另一种看法是：概念组合的大爆炸将为交叉点带来巨大的创造力量。如果你的目标是实现突破性创新，那么，概念组合的大爆炸就是你的思想金矿。不想着早一些开始淘金，那可真是疯了。

承认恐惧与风险

在理查德·布兰森的自传中，有一段让所有读者为之动容的描述。布兰森计划与他的同事波尔（Per）乘坐热气球横跨太平洋，从日本飞往美国。

波尔和我说了他最担心的事情，但那时为时已晚。在我们登上前往日本的飞机后，波尔向我坦承，他一直无法在压力舱内测试热气球，因此不能百分之百确认热气球在 4 万英尺（约 1200 米）的高空中能够安然无恙。如果在那个高度上，窗户被风吹掉，那么我们就必须在七八秒内戴上氧气面罩。

“我们必须把氧气面罩放在随手能拿到的地方。”波尔以其一贯的简单明了的方式说，“当然，如果发生这种事的时候，我们中有一个人睡着了，那么另一个人必须在 3 秒钟之内戴好氧气面罩，另外 3 秒给对方戴上，手忙脚乱的时间只可以是 2 秒钟。”

布兰森为什么要把自己置于如此危险的境地？这个家伙明明有一家航空公司！他干吗要坐热气球飞越太平洋？这种行为怎么看都不正常。事实上，将近 100 年前精神分析师就得出结论，像布兰森这样追寻冒险的人全都是疯子。对于这个问题，布兰森有不同的看法。“我从未想过自己会死于意外，但如果这样的事真的发生了，那只能说我是错的，而那些‘脚踏实地’的坚定现实主义者是对的。但无论如何，我至少曾经尝试过。”这样的态度颇有骑士精神。但是从布兰森的自传中，我们可以窥见他战胜恐惧的两个重要方法：首先，承认恐惧；其次，承认自己有可能失败。

当人们处于恐惧的状态下，他们情绪一定会暴露在肢体语言之下。当一个人意识到自己处于危险状态时，他的血压会升高，心跳会急剧加快，嘴唇将变得干涩，手掌会被汗浸湿。人体中的血液会从某些非核心部位（如胃部）流向肌肉，让你感到紧张、忐忑。在这种情况下，你会变得精神绷紧，每一根神经好像打起了十二分精神准备应对不测。

时至今日，危险的性质已经改变，但人类的身体反应没有变。今天，危险也许不像随时可能攻击你和你孩子的狮子，而是夜深人静时厨房传来的古怪声响。你的身体会在千分之一秒内做出反应。然而，即使在没有危险临近的自然状态下，这种身体反应也有可能出现。这种反应可能会出现在你做出某个重要决定时，比如，辞职、改变公司策略、向难说服的对象推销自己的想法，它甚至可能出现在打推销电话这种小事中。我们对于风险的认识最终可以归结为这种恐惧感。那么，我们怎样才能有效地控制它？

战胜恐惧最有效的方法是先承认恐惧。在 NASA（美国航空航天局）研究太空旅行对宇航员的影响时，研究人员发现某些宇航员的身体或情绪始终处于不正常的状况。NASA 认定这种反应是恐惧心理的外在表现。然而，不是所有宇航员都会产生这样的反应。宇航局得出结论，这两组宇航员之间的最主要差别是，没有出现恐惧症状的宇航员早已得知他们将要经历一个恐怖的过程，而另一些人没有这样的心理准备。

承认恐惧的意义是什么？你必须直面危险，并且知道自己可能会失败。只有这样，当你失去一切的时候，你才可以泰然处之，昂首阔步地走下去。“如果你下定决心背水一战，当情况与你的预期有出入时，你最好迅速收拾残局、重整旗鼓。”彼得·伯恩斯坦（Peter Bernstein）如是说。这不同于简单地接受失败的某种风险。如果在一场赌局中，你有 50% 的机会赢得 300 美元，50% 的机会输掉 150 美元，你自然会赌一把。但如果我们把赌注改成了 50% 的机会赢 50 万美元，50% 的机会输掉你价值 25 万美元的房产，你极有可能扬长而去。尽管人们在这两场赌局中面对的风险是一致的，但大多数人都不会拿自己的家冒险。

我们无法逃离恐惧，但是可以管理它。坦然接受恐惧心理的存在，承认失败的可能性，平和地面对失败，我们将更加高效地实现交叉点上的想法。用马克·吐温的话来说：“勇气就是敢于面对恐惧、克服恐惧——而非假装恐惧不存在。”

前进的勇气

每个人都会有情感怪癖。这些怪癖把我们从交叉点拖走，拉回到单向创新领域。认识到这一点，我们能够以某种微妙的形式去抵抗这股力量，直面恐惧。这是布兰森和伯克所做的，我们每个人都能如法炮制。

然而即便你了解自己的恐惧，想要遵循以上意见也不是件容易的事。麻省理工学院教授、哈佛法学院客座教授拉里·苏西坎德（Larry Susskind）曾告诉我，尽管他没有法律方面的学位，他依然可以成为一位优秀的谈判专家，对在世界各地不同行业中出现的争端进行斡旋调解。在他的职业生涯中，苏西坎德在许多领域留下过足迹。苏西坎德是英文专业出身，后获得城市规划学博士学位。他担任过一家环境咨询公司的外部董事，还做过规划顾问、谈判顾问、政策分析师，并在中国、西班牙、日本和以色列都有过工作经历。这些经历让他成为解决冲突领域最有创新力的领导者。一天早晨，当我问苏西坎德，如果他固守某个传统领域，不肯走进交叉点，是否还能有这样的洞察力。

苏西坎德靠在椅背上说："噢，不可能。我的确很相信这些东西，相信最大的冒险就是不去冒险。"他迟疑了几秒钟，又继续说道，"但是当我们必须对自己所关心的人，比如要对我们的孩子给出建议时，我们会说些什么？我可不知道要怎么说。难道我要告诉他们，你要做的就是寻找一切机会，用不着专注，也用不着在某个领域深钻？我知道专业对于他们的一生都是有好处的。所以，我真的不晓得要怎样对他们说。"

我也有同样的心态，一切都需要视情况来判断。苏西坎德在学科与文化间的交叉点上下求索，也因此开创了一片新天地。但是他的孩子们是否能像他一样？也许会，也许不会。也许他们会在一个既定的领域内改变这个世界，也许他们会比从前的任何人做得更好。和所有人一样，苏西坎德的孩子们最终会形成自己的思维模式。但我知道，如果他们想要开拓一个新领域，他们最好的机会就是踏进交叉点。今天，这样的需求比历史上任何时候都更加迫切。这是我们改变世界的最佳机会，我们应当牢牢抓住它。

让多元、富有新意的想法有效变现为可以落地执行的成果

有一个传说，说玻璃是一种在正常温度下呈固体状态的液体。但如果我们有耐心，也有能力仔细观察它的话，我们会逐渐看到，它实际上一直在缓慢流动，像非常黏稠的胶水一样。这个传说也许起源于有心人对老教堂的观察。教堂玻璃窗的底部似乎比顶部更厚一些。后来，这个传说越传越广，甚至连博学的老师和家长都这样告诉孩子。但事实上，这并不是真的。

麻省理工学院的埃贡·奥罗万（Egon Orowan）这样描述

这一现象："一扇窗户上有半数的玻璃底部更厚一些，但是另一半则是顶部更厚。"如果真如传说所言，玻璃是流动的，那么埃及法老墓里的玻璃瓶到了今天恐怕早已流淌成河。从这个例子中，我们不难看出这一类没有根据的市井流言是怎样传播开的。玻璃这种物质本身就带着某种神秘色彩。玻璃是透明的，可以通过不断加热被再次塑形。玻璃可以分解并反射光线，也可以帮助我们看清很远处的物体。没错，玻璃有着让人惊异的特性，但这些特性多是人为设计的结果，是成百上千年不断创新的产物。

老教堂玻璃上的"流动"实际是当时制造过程中加工不平造成的。今天，玻璃制造工艺的发展比以往任何时候都更加迅速，如可称为奇迹的光导纤维。光导纤维实际上是经过拉伸的玻璃，厚度只相当于一根头发丝。它可以延展到很远的地方。近年来，世界各大洲的陆地上铺设的光缆已不计其数。激光从光缆的一段射出，每秒钟可进行100亿次的开关转换。每根光缆可传输的信息数量惊人。一根头发丝厚度的玻璃光缆可以同时为人们传输500万个电话。

在玻璃的创新方面，有一家公司比世界上任何公司都强大。那就是大名鼎鼎的康宁公司（Corning Inc.）。这家公司在纽约的苏利文公园（Sullivan Park）设有一家实验室。在那里，研究人员每天都在寻找玻璃使用方法与物理学、数学以及化学等学科的基础理论之间的交叉点。康宁公司每天在实验室进行着超过 100 种类型的玻璃实验。实验室大楼里的人无可争议地被称为全美最有创新力的组织成员。

在创新方面，康宁公司有着悠久的历史传承。自这家公司诞生的 150 年间，它便显著地影响着人们的生活。康宁公司为爱迪生发明的灯丝创造并制造灯泡，为美国的每一台彩色电视制造显像管。它生产制造温度计和 LCD 屏幕的玻璃，并且牢牢地占据了这两个市场。但是要说康宁公司流传最广的创新产品，一定要属百丽耐热玻璃盘（Pyrex）了。这种玻璃盘从冰箱内取出后，可以直接放入烤箱而不破裂。当然，康宁公司还发明了光纤，这是电信行业一片繁荣的基础。换句话说，只有少数几家公司能够雄踞创新前沿数百年以上，而康宁公司就是其中之一。

那么，康宁公司究竟是怎样做到这一切的？最有资格回答这个问题的人，应该是玻璃研究小组的负责人——琳娜·切维妮亚（Lina Echeverria）。切维妮亚的部门是公司内部最受关注的部门，也是肩负着康宁公司未来希望的核心部门。切维妮亚是哥伦比亚人，在德国做了几年研究工作之后才来到美国。切维妮亚身上最引人注目的特质要数她强大的个性。她是一个极其乐观、精力充沛而且有很多故事的女人。

谈起她早年在远离哥伦比亚海岸的一座小岛上研究火山熔岩的经历时，切维妮亚的声音里充满了兴奋。“这座小岛叫戈尔戈那岛。与弗朗西斯科·皮萨罗（Pizarro）[①]一同登岛的人中，90% 因为被毒蛇咬伤而丧命。那座岛上毒蛇遍布。我的研究伙伴只在岛上待了几天就离开了。他实在是受不了这个地方。”切维妮亚告诉我。但是毒蛇并不是他们面临的唯一困难。“除了毒蛇之外，整个岛屿上都是关押囚犯的监狱，而且关押在此地的都是最穷凶极恶的重刑犯人。我的向导也是一名囚犯，因此他最了解岛上的情况。”除了向导，还有一名武装人员陪着她，负责监视囚犯与毒蛇。“没错，这段经历的确很有意思。”切维妮亚感叹道。

切维妮亚对她从事的每一件事情都充满热情。她似乎认为所有人都和自己一样。“我希望康宁的研究员可以有梵高那样的创造力，但是他们得过米开朗琪罗式的生活。”她说。我问她是怎样鼓励她的研究员进入未知创新领域的，她这样回答：“我请他们追随自己的内心。只要追随你心中所想即可。做你真正感兴趣的，而且能因此获得能量的事情。人们的激情就是

① 西班牙殖民者，开启了南美洲（特别是秘鲁）的西班牙征服时期，也是秘鲁首都利玛马的建造者。

由此而来的，而创造力来自激情。”

切维妮亚鼓励她的团队成员互相间多进行交流、分享、合作，创造出让他们为之兴奋的项目，或者把这些项目联系在一起。她甚至专门预备了一间“创造屋”。在这间屋里，人们可以畅所欲言，激发交叉酝酿而成的想法。“你可以创造一种回音壁式的人员组织。”她说。通常情况下，人们需要经过指导才能发现各种想法之间的联系。切维妮亚相信，“知人善用”的能力是她工作中最重要的一部分。

她对我讲述了康宁公司的理论物理学家道格·艾伦（Doug Allen）的故事。艾伦大多数时候都坐在实验室的角落里，埋头研究量子物理学的前沿理论。直觉告诉切维妮亚，艾伦其实是个乐于交际的人，因此她让艾伦加入实际制造产品的小组。在此之前，艾伦从未接触过这样的工作。他把自己的知识带给产品小组，他的研究对于康宁公司的创造基础产生了巨大的影响，比过去 8 年中他做的任何事情产生的影响都大。

这正是康宁公司多年来屹立于行业前沿的一大理由。这家公司设法让员工对寻找新的交叉点充满激情。随着交叉点数量的持续增加，我们有理由相信这一策略在未来依然能有效地发挥作用。在这本书中，读者已见到了许多相似的案例。我们认识了许多在不同学科、文化、概念、领域之间搜寻并成功找到交叉点的团队和个人。一旦他们到达了那里，就能获得前所未有的创新机会。这也是这本书一直以来都在传达的信息。不过接下来，我还有几句话想说。

我还想谈 3 点，这也是我帮助读者寻找交叉点灵感的最后机会，我可不能放弃这个机会。

在这本书里，我曾经提到过游戏和导航系统、食物与太阳能公司。由于人员流动、科学融合与计算机技术大幅提升了这三种驱动力，以上领域以及其他领域内的人类活动正变得越来越有相关性。

我曾与马萨诸塞州前州长迈克尔·杜卡基斯（Michael Dukakis）有过一次谈话。除了在 1988 年总统竞选中与老布什总统对战以外，杜卡基斯还因为在管辖的州内设立了国家医疗保险系统而闻名。杜卡基斯指出，提供医疗保健问题已成为许多学科领域共有的问题。“医生、负责医疗保健的官员、护士、保险公司、工会和员工、药品公司、政府部门都在埋怨、愤怒，但我们依然提供相当于其他西方国家两倍成本的医疗保健服务。”杜卡基斯相信，他会在这些领域的交叉点上找到解决方案。

同样的问题也出现在国际反恐斗争中。那些受到独立资助，在全球范围内活动的小规模恐怖组织对传统防御措施嗤之以鼻。美国国土安全部试图通过 22 个联邦机构，包括移民局、海岸警卫队以及情报部门联合行动的措施打击恐怖分子。如果这些机构能打破它们之间的障碍，我们将看到挫败恐怖主义威胁的一系列创新举措。再想一想全球变暖问题。化学家、海洋地理学家、生态学家以及地质学家在内的科学家们正联合起来分析全球变暖的成因，预测其可能引起的后果。

恐怖主义威胁、医疗健康体系危机、环境污染等问题的解决方案涉及许多方面，人们难以将其归属于某个特定领域。但哪怕是挑战性较弱的领域，如时尚设计、产品创新、动画电影等，情况同样如此。每一个领域，无论是科学还是人文，商业还是政治，都存在着不断增长的，把不同领域的概念连接、相互组合的需求。而这正是我们将要发现新机遇、超越新挑战、获取新发现的重要途径，也是我们创造未来的重要方法。未来存在于交叉点之上，如果你也想有一番作为，那就赶紧找到通往交叉点之路吧。

天地万物都以某种形式相互连接。可是我们要怎样看到事物之间的联系，并对其加以利用？这本书里提供了许多方法，目的就在于解决这个问题。这些建议归根于一点，即期待意想不到的东西。倘若你这样做了，就能从新的角度观察这个世界。突然间，你会看到交叉点其实无处不在。随机的谈话、会议或项目都以一种奇怪而有趣的方式汇集到一起。看似毫无关联的概念可能以某种意想不到的方式相互碰撞。

谁能想到理查德·加菲尔德能在马尔特诺马瀑布想出把收藏与纸牌游戏相结合的好点子？同样，我认为没有人能预料普洛希罗·斯蒂斯能在预防暴力和医疗健康这两件事之间找到关联。今时今日，这两个领域之间的联系看起来十分明显，但过去可不是这样。某个寒冬的凌晨三点，普洛希罗·斯蒂斯在波士顿的急诊室里突然发现了二者的联系。谁又能想到电信工程师遇见昆虫生态学家后，能找到帮助卡车司机发现阿尔卑斯山的最短运输路线？也许没人能想到这些。尽管有人可能会预感到他们两人的讨论也许会产生某些预想不到的结果。

这就是多元化思考的本质，如果你想让它们出现，它们就会出现。你也许不知道它们会在何时、何地出现，但是当灵光乍现的时刻到来，你要为之做好准备，准备好迎接那份惊喜。

交叉点不可预测的特性使其成为一个充满了不确定性的地方。这是一块未知的领域，过去的知识与经验不足以带领人们在此地开疆辟土。交叉点改变了人们看待世界的方法。我们总是习惯于先选择目的地，再朝着目的地所在的方向前进。这已成为人们心中的常识和逻辑。但是在交叉点上，我们必须把这些先入为主的概念统统抛到脑后。多元化思考的确存在逻辑，但逻辑并不明显。明显的逻辑告诉我们，追寻单向思维时，我们应该提前准备、制订详细的计划。而不明显的逻辑告诉我们，在交叉点上这样做可能会招来失败。明显的逻辑告诉人们，追寻单向思维时，应该制定详细、清楚的奖励措施。内涵的逻辑则告诉我们，在交叉点上这样做可能会招来自我毁灭。外在的逻辑相信，更多的资源能减少交叉点上失败的风险。但内在的逻辑告诉我们，资源越多，我们所使用的资源也就越多，因此失败的风险并没有改变。我们也许能从中发现一个奇怪的道理，即在某一个领域内苦心钻研未必能带来突破性创新。但如果我们踏入交叉点，便可以从只有 2 400 种有效的概念组合一下子变成拥有 600 万种概念组合。2 400 怎么能跟 600 万竞争呢？

并非每一件发生在文化、学科、概念、领域的交叉点上的事情都是简单明了的。但是当你真正了解了交叉点上的游戏规则，一切都会逐渐明朗起来。

大步向前

今天，我们比以往任何时候都更有理由去寻找交叉点。学科与文化间的联系越来越紧密，并且不断更新迭代，在越来越多的地方绽放。在本书中，我们看到了一些人是怎样对交叉领域进行探索并充分利用交叉点上的力量。未来，我们必将会看到更多的人加入到他们的行列中。

我们每个人都能创造多元化思考，因为每个人都能到达交叉点。幸运只会降临到那些思想开放、愿意探索其专业知识领域之外的人的身上。机会只会留给那些能够冲破各种壁垒，且屡败屡战的人，其实我们每个人都能做到这些。

我们当中的大多数人，都有必要尝试把从我们过去的不同经历中获得的想法与概念结合在一起这件事情。那么，我们为何不主动寻找这些联系？撰写本书的过程中，我接触过大量的人。他们都在各自感兴趣的领域中工作，与此同时又表现出对另一个领域的显著兴趣。某些在营利性机构工作的人也许会把他们的经验用在非营利机构的工作中，还有人或许想把两种不同文化相互结合起来。“如果我能找到把这些领域连接起来的方法，将拼图碎片拼凑在一起，”他们说，“那我一定能想出一些让人激动的新东西。”噢，没错，情况的确如此。

在我们的世界里，把海胆和棒棒糖、吉他与竖琴、唱片与航空公司结合在一起，事实上是合情合理的。在我们的世界里，让蜘蛛与山羊奶发生一些联系，或者一个人今天创办一家太阳能电池公司，明天成立一家生产甜饼干的公司，都是合理的。就像 15 世纪佛罗伦萨的创造者们一样，我们就是这样开辟新领域，实现创新的。

附加内容：头脑风暴讨论手册

我发现这本书中的观点放到今天甚至比 2004 年，也就是本书第一次发表的时候更加真实。然而，我不希望看到这些观点仅仅局限于纸上。相反，它们应该应用到生活中，并付诸实践。这份讨论手册将帮助你做到这一点。

反思性问题

第一点：多元思考

创造交叉性思维需要把来自不同行业、文化、领域、学科的两个或更多概念结合在一起。那么，你要怎样有目的地把交叉点引入生活中？

随着全球化的发展，全球、跨文化的人员及思想流动已成为新的常态。每天你是在和哪种文化打交道？你要如何增加跨文化交流的次数？最重要的是，你要怎样把这些文化概念与你正在为之努力的挑战或机遇结合起来？

第二点：打破不同领域之间的屏障

心理学家表示，简单地听到一个词语或想法，我们的大脑就可以根据过去的经验形成联系链。这个链条经常把我们限制在特定的领域或思维角度中。这意味着我们能够迅速得出结论，排除常规之外的想法。你是否经常让自己陷入这种思考模式？还记得你上一次尝试对抗这种趋势是什么时候吗？

第三点：如何打破思维壁垒

高地资本创始人保罗·梅迪尔请人们警惕“单一科学渐进主义”，并表示来自不同背景的成员组成的团队，其实更善于创新。今时今日，你要怎样确保你所在的团队是多样化的？什么样的行为适合你的日程表和人际网络，能确保你从意想不到的不同领域吸纳新想法？

第四点：概念的随机结合

请回忆一下路易·巴斯德 1875 年偶然发现疫苗的过程，以及他是怎样理解实验鸡的存活的。你上一次观察到让人惊讶的现象是什么时候？你是否会对这一发现存在疑问？它是否会改变你的行动方针？你曾经多少次因为没准备好这个暗示错过了一些重要的东西？问问你自己，你是否曾不知不觉地忽略一些重要的东西？怎样才能把“时刻准备好”的心态融入每一天的生活中？

第五点：如何发现组合

还记得皇家壳牌公司前首席执行官史蒂夫·米勒关于多样化团队的看法吗？“你经常能发现，最好的想法来自成员背景如马赛克图案般绚丽多彩的团队。”现在看看你的团队。你的团队成员之间的差异性如何，又有多少相同点？更重要的是，你要如何平衡他们的差异？

第六点：引爆创意

世界上最有创造力和创新能力的人也是产生最多新点子的人。想一想毕加索和爱因斯坦。他们在各自的领域中创作过了不起的传世之作，但也创作了许多无意义的作品。为什么我们要花这么多时间关注这些创作者成功的一面，却忽略他们失败的一面？如果人们知道实现创新的过程是多么不完美，他们是否还会采取不同的方式追求创新？你会这样做吗？

第七点：走出失败

普洛希罗·斯蒂斯在暴力预防和健康传染病之间找到联系。在暴力治疗这条路上，她曾一次又一次地失败，却屡败屡战，直到找到正确的方法。她的例子是否能让我们对创新者的天性产生什么思考呢？想一想你最近正为之努力的想法或项目。问一问你自己，在取得成功之前，你愿意承担多少次失败？

想一想你的工作、学习和当前的冒险中出现的创业契机。这种动机是否能增加你的创新欲望？如果重新对它们进行评估和排列，它们会是什么样子？回想一下你上一次的失败经历。如果放到今天，你还会那样做吗？你要怎样劝说其他人帮助你呢？

第八点： 打破你的价值观网络

好好看一看你的周围。到底是什么原因使得你无法踏出舒适圈？你怎样才能在走出舒适圈的同时，保留现有人际关系中的价值？

抛开过去曾为你带来成功的东西，怎么就这么难？怎样才能在不依赖价值观网络的同时，不将其彻底抛弃？

第九点：承担风险，战胜恐惧

根据风险补偿现象，获得更多的金钱将会降低创新出现的可能性。为什么会这样？更大的预算意味着什么？这是否会影响一个团队对风险的承受能力，进而影响他们踏入交叉点的意愿？你是否有办法战胜项目实施过程中的风险补偿现象？

第十点：风险悖论

事实上，人类在遭遇困难时更愿意承担风险，顺风顺水时反而不敢冒险。这种自我挫败是怎么来的？请思考一下你面对风险的态度。评估风险时，你会使用单向式的评估标准还是交叉点式的评估标准呢？

第十一点：实现多元思考

想一想书中提到的案例，那些把不同领域的想法结合在一起的人。这些想法完全是预料之外的。当预料之外的灵感从天而降时，你是否做好了驾驭它们的准备？

实现多元思考的方法

这些年来，我无比激动地看到，这本书中关于创意与创新的概念已被世界各地数以千计的文章提到并引用。一路走来，我见证了读者们在各自的生活中突破思维的各种方法。许多旨在促成交叉点与意料之外的联系的会议和活动如雨后春笋般出现。我在本书中分享的一些方法，它们有的是我的团队成员群策群力的结果，有的是与客户交流过程中积累的经验。一些方法是短期的，另一些则是长期的。一些方法适用于个人，还有一些是为团队甚至某个巨大的组织准备的。所有的方法都是为了帮助您踏入交叉点。篇幅有限，难以言尽。像往常一样，我很乐意了解您踏入交叉点的方法，而且愿意把它们分享在我的博客和未来的作品中。请将您的好方法发送至以下邮箱 intersections@themedicigroup.com.

方法 1　从有别于你的行业和文化中汲取灵感

拿起一本杂志，最好是你从事的行业之外的杂志，或者与你当前面临的挑战和正在寻找的机会无关的杂志。随机翻开一页，选出吸引你的第一张图。这张图是什么？它能让你想到什么？写下首先进入你脑海的 10 个概念。现在，把这些概念或想法应用到你的挑战中。随机图片是驱动创意的好方法，因为它能把你领到之前从未想过要探索的地方。

方法 2　猎取交叉点

当我们拥有一个很好的想法时，我们可以通过增加多样的观察角度，迅速地优化这个想法。猎取交叉点是实现这一过程的好方法。当你拥有一个想法时，不妨将它写下来，或者画出来。关键在于将想法体现出来，而且你能够自在地与一个完全陌生的人分享这个想法。细节与可视化的东西是有帮助的，但是过量可能会起到反效果。你需要在 2 到 3 分钟内解释清楚自己的想法。请找一位朋友、同事或熟人，占用他 5 到 10 分钟，重要的是，此人没有渊博的专业知识或与你的想法有相关的经验。这个人可以来自不同部门、办公室，甚至组织。与他分享你的想法（在 2 ~ 3 分钟内说完），并邀请人们完善并拓展你的想法。参考来自不同领域的专家意见，把这些意见与你的想法结合。

方法 3　打造多元思维之墙

一天，我的创新研究公司，美第奇集团的一位顾问开始在一间会议室的墙壁上张贴图片。这是他创造多元化思考的方法。事实证明这种方法十分管用。这是第一种方法的变形。第一种方法鼓励团队成员通过集体会议创造交叉点，侧重于公共交流而非个体。这样的话，当会议中有人需要想法时，每个人都安静地坐着，不愿意举手。要想开启对话，你可以打造一面贴满了你和你的团队成员创建的随机图像的交叉墙。我们已经看到了这个方法的有效性，它可以让想法不断延展。

方法 4　给你的常规团队会议引入一两名外来者

你的团队会议极有可能每次都由相同的参会者组成。你甚至能想象得到最牵强的问题解决方案会出自何人之口，想象得到谁会说不，谁是和稀泥的人，谁会做出最轻率的评论。一两名外来者也许会成为团队的催化剂，为会议注入新的生命，激发意想不到的突破，给你的世界带来不同的观点。开始会议之前，请确保你和你的团队对目标和结果有清晰的认识，而且能够清楚地阐述你的想法、项目以及遇到的问题。会议期间，请帮助“催化剂”搞清楚你们正在讨论的想法或问题。鼓励他们提出问题，并给出回复。“催化剂”们也许能从截然不同的角度看待你的团队正面临的问题。事实上，他们也许不会把它们当成问题，反而会将其看作是让人激动的机遇。请记录下他们的贡献，并将其融入你的主题中。

方法 5　召开理事会

每月把来自不同部门、负责不同职能的人召集在一起，讨论随机话题，最好是与组织的直接任务无关的话题。鼓励人们思考专业范围之外的问题。督促他们发表专业知识和舒适区之外的意见。记住最令人惊讶的见解，然后与小组分享。此外，还请鼓励各部门把这些见解与他们所面临的商业挑战相结合。

方法 6　开辟头脑风暴集中室

在您的办公室里腾出一间屋子，用来摆放不同的物体。屋子里可以放日用品、纪念品、照片、海报、小饰品、书籍、机器、时尚物件、工业产品等。无论放的是什么东西，人们可以来到这间房里，从这些物品上获得启发。大伙儿可以在这间屋里举行午餐会议，利用这些物品开始对话，并为即将到来的项目、创新或挑战找到灵感。试着确保这些物品与你的业务无关。例如，在能源公司的交叉室里可以放人体模型、高跟鞋、缝纫机或者与纺织品、时装有关的物品。相反，在一个高级时装设计室的交叉室里，人们可以放一个老式的石油罐、几顶安全帽和一个工具腰带。在你的组织里融入更加多样性的小组，并尽可能地利用这种多样性。

方法 7　确保团队或组织的多样性

构建团队时，可以大胆地选择一些让你不舒服的人。当然，这里所指的并非你完全无法适应的人。这种“不舒服”通常意味着这些人会带来一些新的东西。努力建设跨学科的、国际化、多民族、多性别的团队。开始阶段可能有点困难，因为团队成员互相了解并形成某种团体动态（group dynamic）。一旦这一阶段过去，你的团队将会产生更多的多元化思考。它们远比单向思维有创意。而同质化较高的团队所激发出的多是单向思维。

方法 8　描绘你自己的背景：把全部的自我带入工作中

请想一想是什么造就了今天的你。回忆你的成长过程，以及清晰地烙印在你记忆中的经历。你是在哪里出生的？你所生活的社区是什么样子的？什么样的社会因素让你成为今天的你？念高中时，你通常是怎样过周末的？踢足球？骑马？冲浪？无论你经常参加的活动是什么，仔细想一想，这些活动是怎样塑造你的，对你当前的工作又有着怎样的影响？想一想你的特质是什么，别害怕在办公场所展示这些东西。如果所有人都自在地展示自己的特性，那反而有助于人际关系的培养，进而提高创造力。

方法 9　雾化

随机挑选一个词。花 15 分钟描绘它所有的含义、内容及相关词汇（没有词典）。回顾一下你的想法。现在再花 15 分钟描述同一个单词，但这次只写下最古怪的意思和语境。例如，第一次，如果你选择“电子”这个词，你可能会写下“带负电荷”“电子”和“电力”。但是第二次，你可能会写“电子舞曲”“天才小子吉米（Jimmy Neutron）”或“EA 体育（EA Sports）”。

方法 10 让美第奇到来

你的组织也许已经有自己的网站。但是这些网站是否在你的业务之外，是否超出了你的供应链和外围行业？美第奇之旅能把你带去很远的地方。这些网站的目的是帮助你与和自己毫无联系的行业互动。澳大利亚国家银行的负责人（如今已是前负责人）在西雅图的波音工厂进行了一场美第奇之旅。波音公司从来自不同国家的数百个供应商手中获得上百万个零部件，并且在 11 天之内将这些零部件组装成一台波音 747 飞机。这种高效的工作给这位负责人带来灵感。访问结束后，澳大利亚国家银行的生产率目标发生了巨大变化。当你从熟悉的工作环境中抽离，把自己置身于一个全新的、与众不同的环境中时，发现创新见解的潜力将会急剧上升。

方法 11 建立微团队

通常情况下，会议由多个参会者组成。大部分参会者很少与人们分享他们的见解或想法。改变这种情况，让你正在努力的新想法和见解的数量激增的最简单方法是建立微团队。我们可以把参会者分成2到3个更小的、更多样化的团队，围绕当前的主题迅速激发想法和见解。这个过程可以持续5～10分钟，然后再请每个微团队分享他们的想法。这种方法会带来更多创造性的想法以及更多其他的想法。随着时间的推移，团队将认识到多样性的意义，看到它是点燃创意的基础。

方法12 开启多元思考之旅

我公司的一名新员工曾利用美第奇效应设计了一段长达一年的个人旅行。大三那年，他绘制了一张思维导图，囊括了他生命中的30种不同因素，并且找出了他最热衷和好奇的东西。他构建了一个视觉化的交叉点，把他热衷的15种东西联系在一起，并决定尽可能地拥抱甜蜜。他最终和自己的兄弟一起创办了一家公司，帮助未被发现的音乐家们。在瑞典留学，并结交了许多非凡的朋友。你要如何设计自己的个人之旅？把你感兴趣的所有东西都放在你的“奇物柜”里。追求这些愿景时，可以做一个一年计划，要有策略，更要灵活，还要乐在其中。

图书在版编目（CIP）数据

思维不设限 /（瑞典）弗朗斯·约翰松著；刘昭远译．—
上海：东方出版中心，2020.3（2020.6 重印）
ISBN 978-7-5473-1530-9

Ⅰ．①思… Ⅱ．①弗…②刘… Ⅲ．①思维方法－通俗读物
Ⅳ．①B804-49

中国版本图书馆 CIP 数据核字（2019）第 279356 号

著作权合同登记号 图字：09-2019-797

Original work copyright ©2017 Frans Johansson
Published by arrangement with Harvard Business Review Press

策　　划：琚一放
责任编辑：徐建梅
封面设计：红杉林

思维不设限

出　　版：东方出版中心
地　　址：上海市仙霞路 345 号
发　　行：东方出版中心
北京时代华语国际传媒股份有限公司　010-83670231
电　　话：（021）62417400
邮政编码：200336
经　　销：全国新华书店
印　　刷：唐山富达印务有限公司
开　　本：880×1230 毫米　1/32
字　　数：150 千字
印　　张：9
版　　次：2020 年 3 月第 1 版　2020 年 6 月第 3 次印制
ISBN 978-7-5473-1530-9
定　　价：49.80 元

版权所有，侵权必究